PALAVRAS MÁGICAS

CB005931

JONAH BERGER

PALAVRAS MÁGICAS

O que dizer e como dizer para conquistar o sucesso

Tradução

Bruno Fiuza

Rio de Janeiro, 2024

Copyright © 2023 por Jonah Berger.
Copyright da tradução © 2023 por Casa dos Livros Editora LTDA. Todos os direitos reservados.
Título original: *Magic Words*

Todos os direitos desta publicação são reservados à Casa dos Livros Editora LTDA. Nenhuma parte desta obra pode ser apropriada e estocada em sistema de banco de dados ou processo similar, em qualquer forma ou meio, seja eletrônico, de fotocópia, gravação etc., sem a permissão do detentor do copyright.

Diretora editorial: *Raquel Cozer*
Gerente editorial: *Alice Mello*
Editora: *Lara Berruezo*
Editoras assistentes: *Anna Clara Gonçalves e Camila Carneiro*
Assistência editorial: *Yasmin Montebello*
Copidesque: *Luiz Felipe Fonseca*
Revisão: *André Sequeira e João Rodrigues*
Design de capa: *Guilherme Peres*
Diagramação: *Abreu's System*

Dados Internacionais de Catalogação na Publicação (CIP)
(Câmara Brasileira do Livro, SP, Brasil)

Berger, Jonah
Palavras mágicas : o que dizer e como dizer para conquistar o sucesso / Jonah Berger ; tradução Bruno Fiuza. – 1. ed. – Rio de Janeiro : HarperCollins Brasil, 2023.

Título original: Magic words
ISBN 978-65-5511-526-0

1. Autoajuda 2. Palavras 3. Persuasão (Psicologia) 4. Persuasão (Retórica) I. Título.

23-148307 CDD-153.852

Índices para catálogo sistemático:

1. Persuasão e influência : Psicologia 153.852
Henrique Ribeiro Soares – Bibliotecária – CRB-8/9314

Os pontos de vista desta obra são de responsabilidade de seu autor, não refletindo necessariamente a posição da HarperCollins Brasil, da HarperCollins Publishers ou de sua equipe editorial.

HarperCollins Brasil é uma marca licenciada à Casa dos Livros Editora LTDA.
Todos os direitos reservados à Casa dos Livros Editora LTDA.
Rua da Quitanda, 86, sala 601A – Centro
Rio de Janeiro, RJ – CEP 20091-005
Tel.: (21) 3175-1030
www.harpercollins.com.br

A qualquer um que já tenha ficado fascinado
com o poder das palavras.

Sumário

Introdução 9

A palavra que mudou o mundo ... O poder do "porque" ... A nova ciência da linguagem ... Seis tipos de palavras mágicas ... Somos todos escritores e oradores

1. Ative a identidade e a autonomia 23

Quando os substantivos são mais persuasivos do que os verbos ... A forma correta de dizer não ... Quando "não quero" é melhor que "não posso" ... Como ser mais criativo ... Comece a falar consigo mesmo ... Quando usar "você"

2. Transmita confiança 55

Por que Donald Trump é tão persuasivo (independentemente do que você ache dele) ... Como falar com poder ... Por que as pessoas preferem consultores financeiros confiantes, mesmo quando eles estão errados ... Quando as evasivas são prejudiciais ... Por que o presente é mais persuasivo do que os pretéritos ... Quando expressar dúvida

3. Faça as perguntas certas 83
Por que uma boa forma de parecer inteligente é pedir conselhos? ... As perguntas certas a fazer ... Quando se esquivar ... Como evitar suposições ... As 36 perguntas em direção ao amor ... Como se conectar com qualquer pessoa

4. Tire proveito da concretude 113
Como demonstrar atenção ... Por que "consertar" é melhor que "resolver" ... Por que o conhecimento é uma maldição ... A linguagem que proporciona fundos às start-ups ... "Como" *versus* "por que"

5. Expresse emoção 135
Criando um podcast de sucesso ... O lado bom dos erros ... O que compõe uma boa história ... Quando os negativos são positivos ... O valor da volatilidade ... Além da positividade e da negatividade ... Como reter a atenção

6. Beneficie-se das semelhanças (e das diferenças) 171
A linguagem da cerveja ... Por que algumas pessoas são promovidas (e outras demitidas) ... Do que é feito um hit ... Quando a semelhança é boa e a diferença é melhor ... Medindo a velocidade das histórias

7. O que a linguagem revela 205
Resolvendo um mistério shakespeariano de trezentos anos ... Como prever o futuro ... Músicas são misóginas? ... A polícia é racista?

Epílogo 229
Os malefícios de se dizer às crianças que elas são inteligentes

Apêndice 237
Agradecimentos 243
Notas 245

Introdução

Quando tinha pouco mais de um ano, nosso filho, Jasper, começou a dizer "por favor". Ou, pelo menos, tentar. Ele ainda não conseguia pronunciar todas as letras, então acabava soando mais como *pu favô,* mas o resultado era parecido o suficiente para entendermos o que ele queria dizer.

O uso da palavra, em si, não era algo excepcional. Afinal, aos seis meses, a maioria das crianças consegue identificar sons básicos e, por volta de um ano, elas conseguem dizer até três palavras.

O interessante, no entanto, era a forma como ele a usava.

Ele dizia algo que queria, como *coio* (colo), *gute* (iogurte) ou *usso* (urso de pelúcia), e depois fazia uma pausa para observar o resultado. Se conseguisse imediatamente o que queria, estava feito. Ele não dizia mais nada. Mas, se não obtivesse resultados ou se não saíssemos correndo para atender ao pedido, ele nos olhava bem nos olhos, baixava de leve a cabeça e dizia: *pu favô.*

À medida que Jasper crescia, seu vocabulário aumentava. Ele começou a falar sobre bichos preferidos (*dino*, para dinossauro), coisas que queria fazer (*wee* para o escorrega) e a contar até dois. Jasper, inclusive, acrescentou "sim" antes de "por favor" para sinalizar que estava falando sério. Como na frase "*queo gute sim pu favô*". Ou, traduzido para o vocabulário adulto: "Sim, eu quero iogurte... quero mesmo".

Mas *pu favô* era especial, pois foi a primeira vez que ele percebeu que as palavras tinham poder. Que elas impulsionavam ações. Que, se ele quisesse uma coisa e não conseguisse, acrescentar *pu favô* faria com que acontecesse. Ou, pelo menos, aumentaria a probabilidade.

Jasper havia descoberto sua primeira palavra mágica.

Quase tudo o que fazemos envolve palavras. Usamos palavras para comunicar ideias, expressar sentimentos e nos conectar com entes queridos. É por meio delas que líderes lideram, vendedores vendem e pais provêm. É por meio delas que professores ensinam, governantes governam e médicos explicam. Até nossos pensamentos particulares dependem da linguagem.

De acordo com algumas estimativas, usamos cerca de dezesseis mil palavras por dia.[1] Escrevemos e-mails, montamos apresentações e falamos com amigos, colegas e clientes. Criamos perfis em aplicativos de relacionamento, conversamos com os vizinhos e puxamos assunto com nossos parceiros para saber como foi o dia deles.

Mas, embora passemos muito tempo usando a linguagem, raramente refletimos sobre o vocabulário que usamos. Claro, podemos pensar nas *ideias* que queremos comunicar, mas nos preocupamos muito menos com as *palavras* específicas que empregamos para comunicá-las. E qual o problema com isso? Por si só, as palavras quase sempre parecem intercambiáveis.

Vejamos a antepenúltima frase que você acabou de ler. Ela contém o adjetivo "específicas" para se referir a "palavras", mas poderia facilmente ter usado "individuais", "particulares" ou um sem-número de sinônimos.

Embora transmitir a mensagem seja obviamente importante, as palavras específicas usadas para isso muitas vezes parecem irrelevantes. São construções feitas ao acaso, ou seja lá o que nos tenha vindo à cabeça.

Mas acontece que essa suposição está equivocada. Bastante equivocada.

A PALAVRA QUE MUDOU O MUNDO

Na década de 1940, bastava uma palavra para mudar o mundo. Sempre que um desastre acontecia ou que vilões ameaçavam destruir a vida como a conhecemos, o adolescente Billy Batson, das histórias em quadrinhos, dizia "SHAZAM!" e se transformava em um super-herói com força e velocidade extraordinárias.

Palavras mágicas dessa natureza existem desde sempre. De "Abracadabra!" e "Hocus pocus!" a "Abre-te sésamo!" e "Expecto patronum!", mágicos, feiticeiros e heróis de todos os tipos usaram a linguagem para invocar poderes místicos. Assim como os feitiços, certas palavras, quando usadas estrategicamente, podem mudar ou fazer qualquer coisa. Quem as escuta não consegue resistir.

Pura ficção, certo? Nem tanto.

No fim da década de 1970, pesquisadores de Harvard abordaram usuários de uma fotocopiadora na biblioteca da Universidade da Cidade de Nova York e pediram um favor a eles.[2]

A metrópole é famosa pela cultura vibrante, pela comida saborosa e por ser um caldeirão de diversidade. Mas pela simpatia? Não muito. Os nova-iorquinos são conhecidos por sua fala rápida, pelo trabalho árduo e por estarem sempre com pressa. Portanto, interpelá-los com um pedido de ajuda vindo de um estranho seria difícil, para dizer o mínimo.

Os pesquisadores estavam interessados nos mecanismos da persuasão. Um membro da equipe ficava a postos em uma das mesas da biblioteca, aguardando alguém começar a fazer cópias. Quando a pessoa colocava o material na máquina, o membro da equipe entrava em ação. Ele andava até o inocente frequentador, interrompia o que esse indivíduo estava fazendo e pedia para usar a fotocopiadora antes dele.

Os pesquisadores testaram diferentes abordagens. Em algumas, fizeram um pedido direto: "Com licença, são cinco páginas. Posso usar a copiadora?". Em outras, acrescentaram a palavra "porque": "Com licença, são cinco páginas. Posso usar a copiadora, *porque* estou com pressa?".

As duas abordagens eram quase idênticas. Ambas diziam educadamente "com licença", ambas pediam para usar a máquina e ambas mencionavam as cinco páginas que precisavam ser xerocadas. A importunação também era a mesma. Em ambos os casos, a pessoa abordada teria que parar o que estava fazendo, tirar o material dela da máquina e ficar olhando para o teto enquanto o pesquisador passava à frente.

Mas, apesar de semelhantes, as abordagens tiveram efeitos bem distintos. Acrescentar a palavra "porque" aumentou em mais de 50% o número de pessoas que deixaram o pesquisador passar à frente.

Um aumento de 50% na persuasão devido a uma única palavra é enorme. Astronômico, até. Mas, para ser justo, é possível argumentar que havia mais diferenças entre as duas abordagens do que apenas uma palavra. Afinal, a que incluía "porque" não adicionava apenas o vocábulo, mas também um motivo (a pessoa fazendo o pedido estava com pressa).

Portanto, em vez de o "porque" motivar a persuasão, talvez as pessoas estivessem mais propensas a consentir devido ao motivo válido. O pesquisador dizia que estava com pressa, e os inocentes frequentadores não estavam, então é possível que tenham dito "sim" apenas por educação ou solidariedade.

Mas, ao testarem uma outra abordagem, os pesquisadores constataram que não era bem assim. A um terceiro conjunto de pessoas, em vez de dar um motivo válido, o pesquisador apresentou um que não fazia sentido: "Com licença, são cinco páginas. Posso usar a máquina, porque tenho que fazer cópias?".

Dessa vez, o motivo não acrescentava uma informação nova. Afinal, ao pedir para usar a fotocopiadora, já estava claro que o pesquisador precisava fazer cópias. Portanto, acrescentar essa palavra específica — "porque" — não deveria ter feito diferença. Se apresentar um motivo válido era o que estimulava a persuasão, então dizer que eles tinham que usar a máquina porque precisavam fazer cópias não deveria ter gerado efeito algum. Inclusive, dado que o motivo não fazia sentido, poderia até prejudicar a persuasão, fazendo com que as pessoas ficassem menos propensas a consentir.

Mas não foi isso o que aconteceu. Em vez de reduzir o efeito, incluir uma justificativa sem sentido a aumentou — tanto quanto a razão válida. A persuasão não era motivada pela justificativa em si. Ela era impulsionada pelo poder da palavra que vinha antes dela: "porque".

O estudo da fotocopiadora é apenas um exemplo do poder das palavras mágicas. Dizer que você "recomenda" determinada coisa em vez de dizer que "gosta" deixa as pessoas 32% mais propensas a acatar sua sugestão. Acrescentar mais preposições a uma carta de apresentação aumenta em 24% a probabilidade de conseguir o emprego. E dizer *is not* ("não é") em vez da forma contraída *isn't* ao descrever um produto faz com que as pessoas paguem três dólares a mais por ele. O linguajar usado nas reuniões de resultados influencia o preço das ações das empresas, e o vocabulário adotado pelos CEOs afeta os retornos dos investimentos.

Como sabemos de tudo isso? Devido à nova ciência da linguagem. Avanços tecnológicos no campo de *machine learning*, linguística computacional e processamento de linguagem natural somados à digitalização de tudo — desde cartas de apresentação até conversas — revolucionaram nossa capacidade de analisar a linguagem, gerando descobertas sem precedentes.

Comecei a usar a análise de texto automatizada por acaso. Em meados dos anos 2000, eu era um professor recém-chegado à Wharton School e desenvolvia uma pesquisa sobre por que as coisas se popularizam. Queríamos saber as razões que levam as pessoas a falar e a compartilhar determinadas coisas em vez de outras, e compilamos um conjunto de dados de milhares de artigos do *New York Times*, desde a primeira página e notícias internacionais até conteúdos sobre esportes e estilo de vida. Muitos dos artigos eram ótimas leituras, mas apenas uma pequena parte chegava à lista de "mais compartilhado" do site, e estávamos tentando descobrir o porquê.

Para isso, precisávamos aferir as diferentes razões pelas quais um conteúdo viraliza. Talvez as matérias que apareciam na primeira página do *New York Times* recebessem mais destaque, por exemplo, então isso também era avaliado. Havia também a possibilidade de que determinados cadernos tivessem mais leitores ou de que alguns jornalistas tivessem um público maior, então mensuramos esses fatores também.

Estávamos particularmente interessados em descobrir se certas formas de escrever poderiam aumentar a chance de as matérias serem compartilhadas, mas fazer isso exigia encontrar uma forma de medir as características das matérias, como o grau de emoção que elas evocavam ou o volume de informação útil que continham. Começamos recrutando assistentes de pesquisa. Estudantes de graduação interessados me mandavam e-mails perguntando se poderiam participar da pesquisa, e esse era um modo fácil de colaborarem. Cada aluno lia uma matéria e a avaliava em relação a determinados critérios, como o grau de emoção que despertava.

Essa abordagem funcionou muito bem, pelo menos de início. Eles sistematizaram primeiro algumas poucas matérias, mas depois chegaram a fazer o mesmo com dezenas delas.

Mas aplicar esse método a milhares de artigos não deu muito certo. Era preciso tempo para um assistente de pesquisa analisar um texto, e ler dez, cem ou mil levaria dez, cem ou mil vezes mais tempo.

Contratamos um pequeno exército de assistentes de pesquisa, e mesmo assim o progresso era lento. Além disso, quanto mais pessoas contratávamos, menos certeza tínhamos de que estávamos obtendo resultados consistentes. Um assistente de pesquisa podia achar que um determinado texto provocava emoção, enquanto outro, não, e ficamos preocupados com o prejuízo dessas inconsistências a nossas conclusões.

Precisávamos de um método objetivo que funcionasse em grande escala. Uma forma consistente de mensurar os aspectos de milhares de artigos, sem deixar nossos assistentes esgotados pela carga de trabalho.

Comecei a conversar com alguns colegas, e alguém sugeriu um programa de computador chamado Linguistic Inquiry and Word Count. O programa era brilhante em sua simplicidade. Os usuários inseriam um texto (por exemplo, uma matéria de jornal), e o programa gerava pontuações para diferentes âmbitos. Ao contar o número de palavras relacionadas à emoção, por exemplo, o programa avaliava o quanto o texto era focado nesse aspecto.

Ao contrário dos assistentes de pesquisa, o programa nunca se cansava. Além disso, era perfeitamente consistente. Ele classificava as coisas sempre da mesma forma.

O Linguistic Inquiry and Word Count, ou LIWC, como é mais conhecido, tornou-se minha ferramenta de pesquisa preferida. O livro *The Secret Life of Pronouns* [A vida secreta dos pronomes, em tradução livre], de James W. Pennebaker, é uma excelente referência para quem estiver interessado no LIWC.

A SABEDORIA DAS PALAVRAS

Nas décadas que se seguiram, surgiram centenas de novas ferramentas e abordagens. Métodos para contar termos específicos, descobrir os principais tópicos em um documento e extrair sabedoria das palavras.

E, assim como o microscópio revolucionou a biologia e o telescópio transformou a astronomia, as ferramentas para processamento de linguagem natural remodelaram as ciências sociais, fornecendo informações sobre todo tipo de comportamento humano. Analisamos chamadas de atendimento ao cliente para descobrir as palavras que aumentam a satisfação do usuário, dissecamos conversas para entender por que algumas seguem um rumo melhor do que outras e examinamos textos na internet para identificar o tipo de escrita que mantém os leitores envolvidos. Analisamos milhares de roteiros de filmes para determinar por que alguns se tornam sucessos de bilheteria, estudamos dezenas de milhares de artigos acadêmicos para entender como escrever de modo a causar impacto e examinamos milhões de avaliações online para descobrir como a linguagem influencia o boca a boca.

Avaliamos interações entre médicos e pacientes para identificar o que aumenta o cumprimento das recomendações médicas, esmiuçamos audiências de liberdade condicional para descobrir o que fez com que um pedido de desculpas fosse eficaz e estudamos argumentos jurídicos para descobrir o que ganha um caso. Examinamos os roteiros de dezenas de milhares de séries de TV para descobrir o que constitui uma boa história e analisamos mais de um quarto de milhão de letras de músicas para identificar os elementos de um *hit*.

Ao longo dessa trajetória, vi o poder das palavras mágicas. Sim, o conteúdo de nossas falas importa, mas alguns vocábulos provocam mais impacto do que outros. As palavras certas, usadas na hora certa, podem fazer as pessoas mudarem de ideia, engajar o público e estimular a tomada de ação.

Então, quais são essas palavras mágicas e como podemos nos beneficiar do poder delas?

Este livro revela a ciência por trás de como a linguagem funciona e, mais importante, como podemos usá-la com maior eficácia nas mais diversas situações, como para persuadir os outros, aprofundar relacionamentos e ter mais sucesso em casa e no trabalho.

Vamos falar especificamente sobre seis tipos de palavras mágicas, as quais permitem que você: (1) ative sua identidade e sua autonomia, (2) transmita confiança, (3) faça as perguntas certas, (4) tire proveito da concretude, (5) expresse emoção e (6) beneficie-se das semelhanças (e das diferenças).

1: Ative sua identidade e sua autonomia

As palavras dão pistas sobre quem está no comando, quem é o responsável e as implicações de determinada atitude. Consequentemente, pequenas mudanças nas palavras que empregamos podem ter um grande impacto. Descubra por que usar substantivos em vez de verbos pode facilitar a persuasão, como dizer não da maneira certa nos ajuda a atingir nossos objetivos e como mudar apenas uma palavra na pergunta que nos fazemos quando estamos empacados pode destravar a criatividade. Entenda por que falar sobre nós mesmos na terceira pessoa pode reduzir a ansiedade e nos tornar melhores comunicadores, e por que uma simples palavra, como "você", ajuda em algumas interações sociais, mas prejudica em outras. Aprenda como as palavras atuam sobre a autonomia e a empatia, afetando o comportamento ético das pessoas, seu comparecimento às urnas e os desentendimentos conjugais.

2: Transmita confiança

Palavras não apenas comunicam fatos e opiniões como também o quanto confiamos nesses fatos e nessas opiniões, o que afeta nossa imagem e nosso grau de influência. Aprenda como um executivo de vendas em dificuldade se tornou um profissional de alto desempenho ao eliminar certas palavras de seu vocabulário, de que modo a forma como os advogados falam pode ser tão importante quanto os fatos que compartilham e como os estilos linguísticos fazem as pessoas parecerem mais convincentes, confiáveis e competentes. Por que as pessoas preferem consultores financeiros confiantes, mesmo quando é mais provável que estejam errados, e por que dizer que um restaurante "serve", em vez de "serviu" uma ótima refeição aumenta a probabilidade de outras pessoas irem lá. E, embora a certeza às vezes seja benéfica, vou mostrar quando a linguagem incerta é mais eficaz. Expressar dúvidas sobre assuntos controversos pode estimular o outro lado a ouvir e reconhecer limitações pode fazer com que os comunicadores pareçam mais confiáveis.

3: Faça as perguntas certas

Nesse capítulo, você vai aprender sobre a ciência de fazer perguntas. Por que pedir conselhos faz as pessoas pensarem que você é mais inteligente e por que fazer mais perguntas em um primeiro encontro torna uma pessoa mais propensa a conseguir um segundo. Que tipos de perguntas são mais eficazes e quais os momentos certos para fazê-las. Como desviar de questionamentos difíceis e incentivar os outros a compartilharem informações confidenciais. Como um casal descobriu uma forma infalível de aprofundar a conexão social e por que fazer as perguntas certas ajuda a mostrar às pessoas que você se importa.

4: Tire proveito da concretude

Esse capítulo mostra o poder da concretude linguística. Quais palavras demonstram que se está ouvindo, e por que falar sobre "consertar" em vez de "resolver" um problema aumenta a satisfação do cliente. Por que o conhecimento pode ser uma maldição; e por que falar "camiseta cinza" em vez de "top" estimula as vendas. E, para que você não fique achando que é sempre melhor ser concreto, vou mostrar quando é melhor ser mais abstrato. Por que a linguagem abstrata sinaliza poder, liderança e ajuda as start-ups a captar financiamento.

5: Expresse emoção

O Capítulo 5 explora por que a linguagem emocional aumenta o engajamento e como aproveitá-la em todos os aspectos da vida. Descubra como um estagiário de 22 anos construiu um império de podcasts ao entender os fatores científicos que compõem uma boa história, por que acrescentar coisas negativas pode de fato tornar as positivas mais agradáveis e por que usar a linguagem emocional aumenta as vendas de algumas categorias de produtos, mas não de outras. Você vai descobrir como prender a atenção das pessoas, mesmo em assuntos que podem não parecer interessantes, e por que fazer as pessoas se sentirem orgulhosas ou felizes pode torná-las menos propensas a ouvir o que você tem a dizer. Ao final do capítulo, você vai aprender a aproveitar a linguagem emocional, a saber o momento certo de usá-la e a elaborar apresentações, histórias e conteúdos para engajar qualquer público.

6: Beneficie-se das semelhanças (e das diferenças)

Esse capítulo trata da linguagem da similaridade. O que significa semelhança linguística, e por que ela ajuda a explicar tudo, desde quem é promovido ou se torna amigo até quem é demitido ou consegue um segundo encontro. Mas a semelhança nem sempre é boa. Às vezes, a diferença é melhor. Descubra por que músicas atípicas acabam sendo mais populares e como a inteligência artificial por trás da Siri e da Alexa está sendo usada para mensurar a rapidez com que as histórias se espalham e o quão longe elas chegam. No final, você vai aprender a entender o estilo linguístico do outro, quando usar uma linguagem semelhante ou diferente e como apresentar ideias de modo a torná-las mais fáceis de serem entendidas e mais propensas a gerar uma reação positiva.

7: O que a linguagem revela

Os seis primeiros capítulos se concentram no impacto da linguagem. Como você pode usá-la para ser mais feliz, mais saudável e mais bem-sucedido. No último capítulo, ensino algumas das coisas poderosas que as palavras revelam. Saiba como os pesquisadores identificaram se uma peça foi escrita por Shakespeare sem nem sequer lê-la e como é possível prever quem vai descumprir o pagamento de um empréstimo com base nas palavras usadas na solicitação dele. (Dica: não confie em extrovertidos.) Você também vai descobrir o que a linguagem revela sobre a sociedade de forma mais ampla. Como a análise de 250 mil canções respondeu à velha questão de saber se a música é misógina (e se melhorou com o tempo), e como as imagens das câmeras corporais mostraram os preconceitos sutis que se insinuam no modo como a polícia fala com membros das comunidades negra e branca. No final, você estará mais apto a usar a linguagem para decodificar o mundo ao seu redor, tanto pelo que as palavras revelam sobre outras pessoas e as intenções delas quanto pelos estereótipos e preconceitos sociais sutis que refletem.

Cada capítulo se concentra em um tipo de palavra mágica e em como usá-lo. Alguns insights são tão simples quanto dizer "não quero" no lugar de "não posso"; outros são mais complexos e dependem do contexto.

Além disso, apesar de o livro se concentrar em como usar a linguagem de forma mais eficaz, se você estiver interessado nas ferramentas usadas para descobrir esses insights, consulte o guia de referência no Apêndice. Ele lista algumas das principais abordagens, além do modo como várias empresas, organizações e indústrias podem aplicá-las e de fato o fizeram.

Quer percebamos ou não, somos todos escritores. Não é necessário produzir livros ou matérias de jornal, nem se autoproclamar autor ou jornalista, mas ainda assim escrevemos. Escrevemos e-mails para colegas e mensagens de texto para amigos. Escrevemos relatórios para chefes e rascunhamos apresentações de slides para clientes.

Também somos todos oradores públicos. Podemos não subir no palco na frente de milhares de pessoas, mas todos nós falamos em público. Seja fazendo apresentações para a empresa ou batendo papo em um primeiro encontro. Seja pedindo às pessoas que façam uma doação ou mandando nossos filhos arrumarem o quarto. Mas, para sermos melhores escritores e oradores — para nos comunicarmos com objetividade e cuidado —, temos que saber as palavras certas a serem usadas. É difícil fazer as pessoas ouvirem, prestarem atenção, convencê-las a fazer o que queremos. E é difícil motivar os outros, estimular a criatividade e construir laços sociais.

Mas as palavras certas podem ajudar.

É comum dizermos que algumas pessoas têm jeito com as palavras. Elas são convincentes e carismáticas, e parecem sempre saber a coisa certa a ser dita. Mas o resto de nós, que não nasceu assim, está fadado ao fracasso?

Não necessariamente.

Porque ser um grande escritor ou orador não é um dom de nascença, é algo que podemos aprender. As palavras têm um impacto incrível, e, ao entender quando, por que e como elas funcionam, podemos usá-las para ampliar o nosso.

Se você deseja usar a linguagem de forma mais eficaz ou simplesmente entender seu funcionamento, este livro irá mostrar o caminho.

1

Ative a identidade e a autonomia

Não muito longe das movimentadas empresas de capital de risco que compõem o Vale do Silício, em uma rua lateral despretensiosa, fica a Bing Nursery School. Considerada uma das melhores pré-escolas dos Estados Unidos, ela é o sonho de toda criança. Cada sala de aula tem dois mil metros quadrados de espaço ao ar livre, com pontes que balançam e morrinhos, tanques de areia, galinheiros e coelheiras. Salas de aula grandes e iluminadas transbordam de materiais de arte, blocos de montar e outros apetrechos pensados para despertar emoções e experiências. Até o prédio em si foi projetado tendo as crianças em mente, com as janelas mais baixas para coincidir com a altura dos alunos.

Não surpreende, portanto, que a competição para se matricular nessa escola seja acirrada. Milhares de pais ansiosos clamam para entrar na lista de espera por uma das poucas centenas de vagas. Outros tentam convencer os funcionários responsáveis da genialidade de seus filhos, destacando a habilidade musical precoce ou a capacidade de contar em vários idiomas.

Mas a Bing não está à procura de crianças excepcionais; na verdade, é justamente o oposto. Ela prefere recrutar um grupo diversificado de crianças de modo a refletir a população como um todo. Porque a Bing não é apenas uma escola, é também um laboratório.

No início dos anos 1960, a Universidade Stanford planejava construir uma nova escola-laboratório. O corpo docente e a equipe precisavam de cuidados para os filhos, e os alunos de pós-graduação em Pedagogia e Psicologia precisavam de oportunidades de aprendizado prático; portanto, com uma doação da National Science Foundation, Stanford construiu um centro de pesquisa de última geração. Além dos espaços internos e externos acolhedores que fazem da Bing uma creche-modelo, os espelhos unidirecionais nas salas de aula e os espaços de observação separados a tornam um local ideal para pesquisadores estudarem o desenvolvimento infantil.

Desde então, centenas de estudos ocorreram na Bing. A escola foi palco do chamado "Estudo do marshmallow", por exemplo, que analisou a capacidade das crianças de adiar a gratificação (ou seja, de esperar para comer o marshmallow e assim ganhar outro mais tarde). Da mesma forma, um trabalho sobre motivação intrínseca descobriu que recompensar as crianças por algo que elas já gostavam de fazer (colorir, por exemplo) tornava menos provável que elas o fizessem no futuro.

Mais recentemente, um grupo de cientistas foi até a Bing para estudar maneiras de incentivar crianças a ajudar.[1] Não é preciso dizer o quanto este ato é valioso. Os pais pedem às crianças que ajudem a lavar a louça, os professores pedem ajuda para guardar os brinquedos e os colegas pedem ajuda para empurrá-los no balanço.

Mas, como qualquer pessoa que já tentou convencer uma criança a fazer alguma coisa pode atestar, elas nem sempre querem ajudar. Assim como colegas e clientes, as crianças nem sempre estão interessadas em fazer o que queremos. Elas preferem brincar com blocos de montar, pular no sofá ou desamarrar os cadarços de todos os sapatos no armário da entrada.

Na tentativa de entender como persuadir crianças e outras pessoas, os cientistas pediram a um grupo com idades entre quatro e cinco anos algo que crianças são particularmente reticentes em fazer: ajudar a arrumar. Uma pilha de blocos no chão precisava ser colocada em uma caixa, brinquedos precisavam ser guardados e um copo de giz de cera derrubado precisava ser limpo. Além disso, para tornar a persuasão ainda mais difícil, os cientistas esperaram até que as crianças já estivessem envolvidas em alguma outra atividade — divertindo-se com brinquedos ou desenhando — antes de fazer o pedido. Desse modo, elas estariam especialmente desinteressadas em dar uma mãozinha.

Para algumas delas, o pedido foi feito de forma direta. Foi lembrado que ajudar é bom e que envolve tudo, desde guardar coisas até acudir alguém que precisa.

Mas, com outro grupo, os cientistas testaram uma abordagem mais interessante. As crianças ouviram quase exatamente o mesmo discurso. A mesma ladainha sobre ajudar os outros e as diferentes formas de auxílio. Mas um detalhe era diferente. Em vez de pedir "ajuda" às crianças, os cientistas pediram que elas fossem "ajudantes".

Essa diferença parece insignificante. Tão pequena que poderia passar despercebida. E, de muitas formas, é mesmo. Ambos os pedidos envolviam o mesmo conteúdo (ou seja, guardar coisas), e ambos envolviam a palavra "ajuda" de uma forma ou de outra. No fundo, a diferença é basicamente de três letras (o sufixo *-nte*).

E, no entanto, embora a mudança possa parecer pequena, fez uma grande diferença. Em comparação com o pedido direto de ajuda, pedir que fossem ajuda*ntes* aumentou a colaboração em quase um terço.

Por quê? Por que três letras tiveram um impacto tão grande?

A resposta, ao que parece, tem a ver com a diferença entre verbos e substantivos.

TRANSFORMANDO AÇÕES EM IDENTIDADES

Imagine que eu falei com você sobre duas pessoas, Rebecca e Fred. Rebecca corre, e Fred é um corredor. Quem você acha que gosta mais de corrida?

As pessoas podem ser descritas de várias maneiras. Peter é velho, Scott é jovem. Susan é mulher, Tom é homem. Charlie gosta de beisebol, Kristen é progressista e Mike come muito chocolate. Jessica é uma pessoa matinal, Danny adora cachorros e Jill prefere café. Desde dados demográficos, como idade e gênero, até opiniões, características e preferências, descrições como essas dão uma ideia de quem ou como alguém é.

Há muitas formas, no entanto, de dizer a mesma coisa. Alguém que tem crenças políticas de esquerda, por exemplo, pode ser descrito como "progressista" ou "um progressista". Alguém que gosta muito de cachorro pode ser descrito como quem "adora cachorro" ou um "adorador de cachorros". Estas variações podem parecer insignificantes, mas, em ambos os casos, o segundo termo descreve uma categoria. Se alguém é descrito como progressista, isso sugere que ele tem crenças de esquerda. Mas descrever alguém como "um progressista" sugere que a pessoa se enquadra em um determinado grupo ou tipo, que é membro de uma categoria específica. Esses rótulos geralmente denotam algum grau de permanência ou estabilidade.

Em vez de observar o que alguém fez ou faz, sente ou sentiu, os rótulos de categoria sugerem uma essência mais profunda: o que alguém *é*. Independentemente do momento ou da situação, essa pessoa é desse jeito. E será sempre assim.

Enquanto dizer que uma pessoa é progressista sugere que ela atualmente possui crenças de esquerda, dizer que ela é *um* progressista sugere algo mais permanente. Enquanto dizer que alguém ama cachorros sugere que ela atualmente se sente assim, dizer que ela é uma adoradora de cachorros sugere que ela é um determinado tipo de pessoa e que será assim para sempre. Coisas que podem ser vistas como estados temporários (por exemplo, "Sally não guardou os pratos") muitas vezes parecem mais duradouras ou fundamentais quando expressas usando rótulos de categoria (por exemplo, "Sally é uma desleixada"). Perder é ruim. Ser um perdedor é ainda pior.

De fato, se uma pessoa chamada Rose "come muitas cenouras", por exemplo, descrevê-la como uma "viciada em cenouras" levou os observadores a acreditarem que esse traço de comportamento de Rose era mais estável. Eles acharam que Rose era mais propensa a comer muita cenoura quando era mais nova, mais propensa a comer muita cenoura no futuro e mais propensa a comer cenoura mesmo que outras pessoas tentassem impedi-la. Seja no passado ou no futuro, com oposição ou sem, o comportamento se manteria.[2]

As conclusões tiradas a partir dos rótulos podem ser tão fortes que as pessoas costumam ter o cuidado de separá-los dos comportamentos que eles descrevem. Ao pedir clemência para um cliente, por exemplo, um advogado pode dizer: "Ele não é um criminoso; ele apenas tomou uma decisão ruim". Da mesma forma, um torcedor pode dizer: "Eu vejo alguns jogos, mas não sou fanático".

Em todos esses casos, os rótulos envolvem parte específica do discurso: substantivos. O traço "progressista" é um adjetivo, mas a categoria "um progressista" é um substantivo. Dizer que alguém "corre muito" usa o verbo "correr", enquanto dizer que alguém é "um corredor" transforma essa ação (verbo) em uma identidade (substantivo).

Em uma variedade de temas e domínios, pesquisas descobriram que transformar ações em identidades pode moldar a forma como os outros são percebidos.[3] Ouvir que alguém é viciado em café (em vez de "bebe muito café"), por exemplo, ou que uma pessoa é um geek (em vez de "gosta muito de tecnologia"), levou os observadores a inferir que tal pessoa gostava mais de café (ou de tecnologia), que era mais provável que ela mantivesse essa preferência no futuro e que era mais propensa a se manter fiel a essa preferência mesmo que as pessoas em seu entorno não agissem da mesma forma.

Trocar uma descrição baseada em verbo (por exemplo, "bebe café") por um substantivo (por exemplo, "viciado em café") faz com que tais ações ou preferências pareçam mais ligadas à personalidade e, portanto, mais fortes e estáveis — parte da identidade, em vez de um mero hábito.

O fato de que transformar ações em identidades molda a forma como as pessoas são percebidas tem várias aplicações úteis. Descrever-se como *trabalhador esforçado* em um currículo, por exemplo, em vez de quem *se esforça no trabalho*, costuma render impressões mais favoráveis. Dizer que nossos colegas de trabalho são *inovadores*, em vez de que *prezam pela inovação*, costuma ter efeitos positivos na forma como eles são vistos.

Mas os efeitos são ainda mais amplos. Porque, além de apenas influenciar a percepção, as mesmas ideias subjacentes podem ser usadas para mudar o *comportamento*. Ao recorrer a ações como uma forma de proclamar identidades ou personalidades almejadas, transformar ações em identidades pode de fato afetar as atitudes dos outros.

Todos querem ser vistos positivamente: como inteligentes, competentes, atraentes e eficazes. Alguns podem desejar ser atléticos, bons em conhecimentos gerais ou capazes de preparar um jantar delicioso com o que quer que esteja na geladeira, mas, em geral, todo mundo quer enxergar a si mesmo de maneira positiva. Consequentemente, tentamos agir de forma a embasar o modo como queremos nos ver. Quer se sentir atlético? É bom ir correr de vez em quando. Quer se sentir rico ou com status elevado? É bom comprar aquele carro chique ou tirar férias impressionantes. Ao tomar ações coerentes e evitar as incoerentes, podemos sinalizar para nós mesmos que somos o tipo de pessoa que queremos ser.

E esse é um aspecto interessante, porque, se as pessoas querem transmitir determinada imagem, enxergar certas ações como oportunidades de afirmar as identidades desejadas torna-se um incentivo à adoção de determinados comportamentos. E é aí que entra o estudo da Bing Nursery School.

Quando pedimos ajuda às pessoas, geralmente usamos verbos: "Você pode me *ajudar* a arrumar os blocos?" ou "Você pode me *ajudar* com a louça?". Ambos usam o verbo de ação "ajudar" para fazer o pedido. Mas o mesmo pedido pode ser reformulado transformando o verbo em um substantivo. Em vez de pedir ajuda para arrumar os blocos, por exemplo, experimente usar um substantivo: "Preciso arrumar os blocos. Você quer ser meu *ajudante*?". Essa simples mudança transforma o que antes era apenas uma ação (ou seja, ajudar) em algo mais profundo. Agora, arrumar os blocos não é apenas um auxílio, é uma oportunidade. Uma oportunidade de adotar uma identidade almejada.

Alguns pais podem achar difícil acreditar, mas a maioria das crianças quer se ver como um ajudante. Claro, elas não podem levar o lixo para fora nem preparar o jantar, mas ser um ajudante, contribuir para o grupo, é uma identidade positiva que elas gostariam de ter. Portanto, transformar o verbo em substantivo permite que uma simples ação (ajudar) se torne uma oportunidade de adotar uma identidade positiva (ser um ajudante). Arrumar os blocos é uma chance de mostrar a mim mesmo, e talvez até aos outros, que eu sou uma boa pessoa, que eu sou um membro deste grupo desejável.

Ajudar? Muito bom, sem dúvida. Mas ter a chance de ser considerado um ajudante? Uma identidade da qual eu gosto? Vale a pena deixar o desenho de lado e ajudar na arrumação. E foi justamente isso que as crianças da Bing fizeram.

* * *

O impacto de transformar verbos em substantivos vai muito além de crianças e arrumações. Em 2008, por exemplo, pesquisadores usaram o mesmo princípio para aumentar o comparecimento às urnas. Votar é fundamental para o funcionamento da democracia, uma oportunidade de moldar a forma como o país é administrado, mas, mesmo assim, muitas pessoas não votam. Da mesma forma que ajudar, votar é algo que as pessoas consideram importante, mas nem sempre concretizam. Elas estão ocupadas demais, esquecem ou simplesmente não se interessam o suficiente pelos candidatos envolvidos.

Os pesquisadores se perguntaram se a linguagem poderia ter alguma serventia. Especificamente, em vez da abordagem padrão de comunicação (convocar as pessoas para participar da eleição), eles tentaram algo um pouco diferente: falaram sobre o que era ser um elei*tor*. Mais uma vez, a diferença parece minúscula. Essencialmente, uma troca de sufixo. Mas a mudança deu certo. Ela fez aumentar em mais de 15% o comparecimento às urnas.[4]

Reformular um comportamento (ir votar) para que ele se tornasse uma oportunidade de proclamar uma identidade positiva (ser eleitor) fez mais pessoas adotarem o comportamento. Transformar o mero ato em uma chance de expressar algo positivo sobre si mesmo levou mais pessoas a realizarem essa ação.

Quer que as pessoas ouçam? Peça-lhes para serem ouvintes. Quer que eles liderem? Peça-lhes que sejam líderes. Quer que elas trabalhem mais? Estimule-as a apresentar alto desempenho.*

---

* Como acontece com qualquer técnica, há situações em que o tiro pode sair pela culatra. Comparado a dizer às crianças que um jogo relacionado à ciência envolvia "fazer ciência", por exemplo, dizer que o jogo envolvia "ser cientista" reduzia o interesse das meninas pelo jogo. Os autores supõem que a "linguagem da identidade pode ter consequências problemáticas se as crianças tiverem motivos para questionar se elas próprias são o tipo de pessoa que se encaixa na categoria cientista (por exemplo, depois de experimentar contratempos em relação à ciência ou adotar estereótipos sobre cientistas), porque as crianças podem perder o interesse se deixarem de ver a ciência como algo coerente com suas próprias identidades". Ver Marjorie Rhodes et al., "Subtle Linguistic Cues Boost Girls' Engagement in Science", *Psychological Science* 30, n. 3 (2019): 455—66, https://doi.org/10.1177/0956797618823670.

Mas, em si, o princípio funciona.

Isso pode ser usado, inclusive, para estimular as pessoas a evitar comportamentos negativos. A desonestidade custa caro. Crimes no ambiente de trabalho, por exemplo, custam às empresas norte-americanas mais de cinquenta bilhões de dólares por ano.

Mas, embora as pessoas muitas vezes sejam incentivadas a agir de forma ética ou a fazer a coisa certa, a linguagem da identidade pode ser mais eficaz. Nesse sentido, uma pesquisa descobriu que, em vez de dizer "Não trapaceie", dizer "Não seja um trapaceiro" reduziu em mais da metade os episódios de desonestidade.[5] As pessoas se tornavam menos propensas a trapacear quando havia sinais de que essa identidade era indesejável.

Quer fazer com que as pessoas parem de jogar lixo no chão? Em vez de dizer "Por favor, não jogue lixo no chão", diga "Por favor, não seja um porcalhão". Quer fazer as crianças dizerem a verdade? Em vez de "Não minta", dizer "Não seja um mentiroso" tende a ser mais eficaz.

Essas ideias podem até ser aplicadas a você mesmo. Quer adotar o hábito de se exercitar ou correr com mais frequência? Dizer às pessoas que você é um corredor, em vez de dizer que você corre, tende a fazer a corrida parecer parte mais estável e consistente de quem você é e aumenta a probabilidade de que você mantenha esse hábito.

Transformar ações em identidades, no entanto, é apenas uma das formas de pôr em prática uma categoria mais ampla de linguagem. E essa é a linguagem da identidade e da autonomia.

Outras quatro formas de aplicá-la são: (1) trocar o *não posso* pelo *não quero*, (2) transformar *deveria* em *poderia*, (3) falar consigo mesmo e (4) saber quando usar o "você".

TROCAR O *NÃO POSSO* PELO *NÃO QUERO*

O fato de que a linguagem pode estimular ações desejadas é interessante. Mas, para além daquilo que desejamos ser, a linguagem também faz outra coisa: ela indica quem está no comando.

Todo mundo tem objetivos que busca alcançar. Praticar mais exercício e perder algum peso, quitar as dívidas ou colocar as finanças em ordem, ser mais organizado, aprender algo novo ou passar mais tempo com os amigos e a família.

Mas, embora todos tenhamos objetivos e trabalhemos duro para alcançá-los, muitas vezes fracassamos. Queremos praticar mais exercício ou colocar as finanças em ordem, mas isso não acontece.

E a tentação é um dos principais motivos. Queremos nos alimentar de forma mais saudável, mas nossos colegas estão saindo para comer pizza, e isso é bom demais para dispensarmos. Queremos ser mais organizados, mas somos sugados pelo feed da rede social de um amigo, e duas horas depois não temos ideia de para onde o tempo foi. Apesar do nosso grande esforço para concretizar as resoluções de Ano-Novo ou passar uma página, a tentação atrapalha.

Será que as palavras podem nos ajudar?

Quando nos vemos diante de uma tentação, muitas vezes dizemos "não posso". Essa pizza parece deliciosa, mas *não posso* comer porque estou tentando me alimentar de forma mais saudável. Adoraria viajar com vocês nas férias, mas *não posso* porque estou tentando juntar dinheiro. O padrão é *não posso* porque essa é uma maneira fácil de resumir por que não estamos autorizados a fazer determinada coisa.

Em 2010, porém, dois psicólogos que estudam hábitos de consumo pediram a pessoas interessadas em adotar uma alimentação mais saudável que participassem de um experimento sobre modos de fazer isso de forma mais eficaz.[6] Os participantes foram instruídos a, sempre que se vissem diante de uma tentação, adotar uma estratégia específica para não ceder. Uma metade foi instruída a empregar a abordagem padrão de dizer "não posso". Diante da tentação de comer um bolo de chocolate, por exemplo, elas diziam algo como "não posso comer bolo de chocolate" para si mesmas ou para os outros.

A outra metade, no entanto, foi orientada a adotar uma abordagem um pouco diferente: em vez de dizer "não posso", foi instruída a dizer "não quero". Ao serem atraídas por um bolo de chocolate, por exemplo, as pessoas diziam algo como "não quero comer bolo de chocolate" para si mesmas ou para os outros.

Assim como a diferença entre ajuda e ajuda*nte*, a diferença entre "não posso" e "não quero" pode parecer pequena. E é mesmo. Ambas têm o mesmo número de letras e são formas fáceis de dizer não, usadas com frequência por todos.

Mas descobriu-se que uma forma era muito mais eficaz do que a outra. Depois de responder a algumas perguntas e concluir um experimento não relacionado, os participantes se levantaram para sair da sala. E, ao devolver o questionário, eles podiam escolher entre duas opções como forma de agradecimento pelo tempo deles: uma barra de chocolate ou uma barra de granola, mais saudável.

As barras de chocolate pareciam deliciosas. Cerca de 75% das pessoas que haviam praticado dizer o "não posso" acabaram optando por elas. Mas, entre as que haviam praticado dizer "não quero", o número de pessoas que escolheu a barra de chocolate foi metade disso. Dizer "não quero" em vez de "não posso" mais do que dobrou a capacidade das pessoas de evitar a tentação e de se ater a seus objetivos.

Quando os cientistas se debruçaram mais a fundo, descobriram que dizer “não quero” era mais eficaz devido à forma como as pessoas se sentiam diante disso.

Dizer “não posso” sugere que não conseguimos fazer determinada coisa, mas também denota um tipo particular de motivo. Para ter uma noção disso, complete as frases abaixo.

Não posso comer __________ porque __________.
Não posso comprar __________ porque __________.
Não posso fazer __________ porque __________.

Independentemente de qual comida, ação ou coisa você tenha listado, o que você escreveu depois do “porque” provavelmente foi algum tipo de restrição externa. Não posso comer pizza *porque* o médico me disse que eu deveria me alimentar de forma mais saudável. Não posso comprar uma televisão nova *porque* minha esposa quer que eu economize.

Dizer “não posso” muitas vezes implica que *queremos* fazer determinada coisa, mas algo ou alguém está atrapalhando. Alguma restrição externa (por exemplo, um médico, o cônjuge ou outro fator) nos impede de fazer o que gostaríamos.

Dizer “não quero”, no entanto, sugere algo bem diferente. Quando instigadas a completar frases com “não quero”, os motivos que as pessoas apresentam mudam drasticamente. Experimente completar as afirmações abaixo.

Não quero comer __________ porque __________.
Não quero comprar __________ porque __________.
Não quero fazer __________ porque __________.

Em vez de uma restrição temporária, o motivo da negativa é algo mais permanente; é uma postura arraigada.

E em vez de ser externo, de outra pessoa ou outra coisa nos impedir de fazer o que queremos, o foco do controle é interno. Não quero comer pizza porque *eu* não gosto tanto assim de pizza. Não quero conferir meus e-mails a cada cinco minutos porque *eu* prefiro dedicar mais atenção a coisas que exigem tempo.

Dizer "não quero" ajudou as pessoas a evitar a tentação, porque as fez se sentirem fortalecidas. Como se estivessem no controle. Não havia um empecilho atrapalhando algo que elas queriam fazer, a decisão estava na mão delas. Tornava-se uma questão de escolha. Claro, eu poderia ficar vendo séries compulsivamente, gastar dinheiro com bobagem ou jogar meu tempo fora, mas *eu* não quero. *Eu* prefiro fazer outra coisa.

E essa sensação de poder tornou mais fácil recusar as tentações. Afinal de contas, os objetivos eram delas, antes de mais nada.

Está com dificuldade de cumprir a resolução de Ano-Novo? Suando para manter um objetivo? Experimente dizer "não quero" em vez de "não posso".

Pegue algo que você esteja relutando em fazer e escreva as razões disso, tomando o cuidado de se concentrar em motivos que o fazem se sentir no controle. Se está preocupado em se esquecer deles, escreva a frase com o "não quero" em um post-it e cole-o em um lugar como a geladeira ou o computador, para que você o veja quando a tentação aparecer. Ou crie um evento no aplicativo do calendário e programe uma notificação para mais ou menos a hora em que você sabe que sua determinação será posta à prova. Ver esse lembrete o estimula a lembrar que você está no controle e vai tornar mais fácil se ater a seus objetivos.

A mesma tática pode ser aplicada a outros tipos de recusa. Às vezes, nos pedem para fazer coisas que não queremos, mas é difícil encontrar uma forma educada de recusar. É bom ser útil ou solidário, mas não temos como fazer tudo. Quando um colega de trabalho nos pede para fazer parte de uma força-tarefa que não tem a ver com a nossa função ou um chefe nos manda fazer algo que está além do escopo combinado, pode ser difícil achar uma saída.

Especialistas geralmente sugerem que encontremos um "amigo do não". Um colega, superior ou outra pessoa que possa fornecer uma justificativa externa para a recusa.

Mas a linguagem pode nos ajudar a fazer a mesma coisa.

Em situações como essas, o "não posso" é uma expressão particularmente útil. Embora ela não seja tão eficaz para evitar a tentação — pois sugere que a motivação do comportamento é externa —, é justamente essa característica que a torna proveitosa na hora de negar pedidos indesejados.

Dizer que *não pode* fazer parte da força-tarefa porque seu chefe pediu que você fosse o mentor de um novo contratado ou que você *não pode* ir além do escopo acordado porque atrasaria o produto final são maneiras de se distanciar da recusa. Não é que *você* esteja dizendo não porque não quer ser prestativo, é algo externo que o impede. *Você* quer ajudar, mas há um empecilho.

Inclusive, nos casos em que a outra parte tem o controle sobre a restrição externa, deixar claro que a restrição é um obstáculo pode melhorar a situação de ambos. Você não pode fazer as duas coisas, mas, ao deixar claro qual é a restrição externa, você dá à outra pessoa a oportunidade de decidir o que é mais importante. Ela pode acabar por encontrar outra pessoa para ajudar ou pode trabalhar com você para remover o obstáculo externo.

TRANSFORMAR *DEVERIA* EM *PODERIA*

É difícil ser criativo. Embora, em um estudo, 60% dos CEOs tenham dito que a criatividade é a qualidade mais importante para a liderança, 75% das pessoas acham que não empregam todo o seu potencial criativo.

Uma questão-chave em que a criatividade é particularmente importante é na resolução de problemas.

Imagine que seu animal de estimação está doente, com um tipo raro de câncer. Você ouve diferentes opiniões, e parece que só há um medicamento que poderá salvá-lo. Por sorte, a empresa que o fabrica fica perto de onde você mora. Mas, infelizmente, ele é muito caro.

Você decide pedir um empréstimo, conseguir mais um cartão de crédito e solicitar dinheiro emprestado a amigos e parentes, mas só consegue juntar metade do custo do tratamento. Você fica desesperado e pensa até em invadir a fábrica para roubar o medicamento.

Dilemas morais, como roubar um remédio para um animal de estimação doente, muitas vezes podem ser caracterizados como desafios éticos entre o certo e o errado. Se você deveria trapacear para conseguir progredir, por exemplo, mesmo que ninguém ficasse sabendo, ou se deveria mentir para poupar dinheiro, ainda que não fosse pego.

Em situações como essas, há uma resposta certa que é óbvia. Mesmo que ninguém descubra, trapacear é ruim. Mesmo que você não seja pego, mentir é errado. Claro, sempre há algo que entra em conflito com o interesse próprio, mas a coisa "certa" a fazer está bem clara.

Em outras situações, no entanto, a resposta "certa", se é que existe uma, é menos óbvia. No caso do animal de estimação com câncer, por exemplo, nenhuma das opções é a ideal. Roubar é claramente errado, mas apenas deixar o animal definhar também não parece correto.

Situações como essas costumam ser chamadas de dilemas "certo *versus* certo", porque envolvem um impasse entre imperativos morais. Ficamos presos em um conflito que exige sacrificar um princípio (como agir de forma justa e ética) por outro (como cumprir nosso dever para com um ente querido). Optar por um soa como renunciar ao outro, então, em vez de uma situação ganha-ganha, parece mais uma perde-perde.

Ao contemplar tais desafios, muitas vezes nos fazemos uma pergunta clássica: *O que eu deveria fazer?* Eu deveria ajudar meu animal de estimação (mas violar o imperativo de não roubar) ou agir de acordo com a lei (mas não salvar meu querido companheiro)?

Pensamos nesses termos o tempo todo. Os manuais de instrução nos dizem como *deveríamos* usar os produtos, as cartilhas nos dizem o que *deveríamos* fazer no trabalho, e os códigos de conduta corporativos esclarecem o que a empresa *deveria* fazer em relação à diversidade ou ao meio ambiente.

Portanto, não surpreende que, quando diante de um desafio, moral ou não, muitas vezes pensemos no que *deveríamos* fazer. De fato, quando se pede às pessoas para citarem a palavra ou frase que melhor sintetizava suas reflexões sobre diferentes dilemas morais, elas relataram o que *deveriam* fazer em quase dois terços das ocasiões.

Mas, embora *deveria* seja um termo comum, pensar a partir dele muitas vezes nos deixa empacados. O *deveria* é ótimo para resolver questões de certo e errado. Se deveríamos mentir, trapacear ou roubar, mesmo que não pareça grande coisa e ninguém fique sabendo. Pensar no que se deveria fazer nessas situações nos remete à nossa bússola moral. Nos estimula a pensar no que "temos" que fazer e, assim, nos ajuda a escolher o caminho moralmente correto.

Em muitas outras situações, porém, o *deveria* não é tão útil. Ao pensar em roubar o medicamento para salvar um animal de estimação doente, a mentalidade do *deveria* não nos serve de muita coisa, porque não existe uma resposta "certa". Pensar dessa forma nos afunda ainda mais na negociação entre duas coisas que não parecem nada ideais. Essa mentalidade nos obriga a comparar elementos bastante distintos, na esperança de encontrar o menos indesejável e, muitas vezes, faz com que nos sintamos totalmente empacados.

Mas existe uma solução melhor.

Seja ao tentar resolver um dilema moral ou pensar criativamente de forma mais geral, muitas vezes estamos em busca do menor insight que seja. Um "momento eureca" em que uma solução — ou mesmo um novo olhar sobre a questão — de repente se materializa. E de fato, em vez de surgir assim que precisamos dele ou resultar de análise e deliberação profundas, o insight normalmente vem quando menos esperamos.

Na criatividade, por exemplo, o insight surge quando olhamos para um problema de uma nova forma. Tente prender uma vela acesa na parede usando apenas uma caixa de fósforos e uma caixa de tachinhas. Tire algum tempo para pensar nesse problema. Como você o resolveria?

Quando as pessoas tentam encontrar uma resposta, muitas vezes vão direto para as tachinhas. Elas tentam usar as tachinhas para prender a vela na parede.

Infelizmente, porém, isso não funciona. Elas não são compridas o suficiente, e não há como usá-las para prender a vela. Então, as pessoas continuam tentando com diferentes configurações, fracassando de novo e de novo.

Mas, olhando de uma forma diferente, as tachinhas podem ser bastante úteis. Em vez de tentar prender a vela diretamente na parede, use a caixa das tachinhas. Tire as tachinhas da caixa, use-as para prender a caixa na parede, e, em seguida, use a caixa como suporte para a vela acesa.

Problema resolvido.

Soluções como essas, porém, exigem deixar de lado os pressupostos. Em vez de atribuir funções fixas aos objetos (ou seja, a função da caixa de tachinhas é conter as tachinhas), adote uma perspectiva mais ampla e pense em como eles poderiam ser usados de outra forma.

Para explorar os caminhos até o insight, alguns pesquisadores de Harvard fizeram um experimento.[7] Eles catalogaram diferentes dilemas morais, semelhantes ao caso do animal de estimação doente, e examinaram a forma como as pessoas os resolviam.

Para avaliar se as pessoas conseguiam aprimorar a resolução criativa de problemas, fizeram um grupo olhar para os problemas de uma forma ligeiramente diferente. Em vez de adotar a abordagem padrão ou refletir sobre o que *deveria* ser feito, os pesquisadores pediram que pensassem no que *poderia* ser feito.

Essa simples mudança fez uma grande diferença. As pessoas que pensaram no que *poderia* ser feito encontraram soluções muito melhores. Eram de maior qualidade e três vezes mais criativas.

Em vez de deixá-las empacadas na comparação entre duas opções imperfeitas para definir a melhor, pedir às pessoas que refletissem sobre o que *poderia* ser feito as estimulou a adotar uma mentalidade diferente diante do problema. Ao darem um passo para trás, distanciarem-se da situação e pensaram de forma mais ampla, com múltiplos objetivos, alternativas e desfechos na balança, vislumbraram a existência de outras possibilidades.

Em vez de preto no branco, de isto ou aquilo, o *poderia* estimula as pessoas a perceber que caminhos alternativos são possíveis. Em vez das opções conflitantes entre salvar o animal de estimação e o roubo, pode haver outras direções potencialmente melhores. Oferecer-se para trabalhar de graça para a farmacêutica (ou para o veterinário) para pagar pelo medicamento ou lançar uma campanha GoFundMe para arrecadar dinheiro para o tratamento.

O "poderia" levou a soluções mais inovadoras porque impulsionou o pensamento divergente. O pensar fora da caixa e sem limites. A análise de várias abordagens, incentivando novas conexões e reduzindo a probabilidade de se contentar com respostas óbvias. Em vez de apenas ver as coisas como elas são, pensar em termos de "poderia" nos incentiva a vê-las como *poderiam* ser, a ignorar o óbvio e explorar diferentes maneiras de realizá-las.

Quando confrontadas com a necessidade de apagar uma marca de lápis, por exemplo, as pessoas que refletiram sobre o que os objetos *poderiam* ser foram mais propensas a encontrar usos inteligentes para coisas comuns.[8] Sem acesso a uma borracha, elas perceberam que um elástico serviria para a função. Da mesma forma, diante da necessidade de uma máscara para evitar a inalação de um pó nocivo, as pessoas que pensaram no que os objetos *poderiam* fazer foram mais propensas a reparar que poderiam usar uma meia para executar a mesma função.

Preso em um problema complicado? Quer ser mais criativo ou estimular a criatividade nos outros?

Empregue a mentalidade do *poderia*. Em vez de pensar no que *deveria* ser feito, pergunte o que *poderia* ser feito. Isso é um estímulo a assumir a responsabilidade, analisar novos caminhos e transformar obstáculos em oportunidades.

O mesmo é válido na hora de pedir conselhos. Quando solicitamos ajuda, tendemos a uma forma específica: perguntamos às pessoas o que elas acham que *deveríamos* fazer.

Embora faça sentido em alguns aspectos, nem sempre é a melhor abordagem. Perguntar o que acham que *poderíamos* fazer as incentiva a pensar de forma mais ampla e nos proporciona rumos melhores e mais criativos.

FALAR CONSIGO MESMO

Até aqui, ressaltamos diferentes formas pelas quais a linguagem pode ser usada para ativar a identidade e a autonomia. Como convencer as pessoas a fazer alguma coisa que as aproxime de uma identidade desejada ou que as afaste de uma indesejada. Como evitar a tentação fortalecendo a nós mesmos para sentirmos que estamos no controle. E como ser mais criativo, focando o que pode ser feito, na contramão do que as restrições externas podem sugerir.

Em alguns casos, porém, usar a linguagem para nos distanciarmos de determinada coisa pode ser a melhor abordagem.

É véspera de uma apresentação importante e você não consegue dormir. Você sabe que conhece muito bem o material, mas há muita coisa em jogo, então quer garantir que vai dar tudo certo. Revisou os slides uma meia dúzia de vezes, adicionando mais um tópico aqui e ajustando a linguagem ali, mas continua ansioso.

Em situações como essas, como podemos reduzir a ansiedade e ter um melhor desempenho?

Quando fazemos uma apresentação importante, vamos a um primeiro encontro ou temos uma conversa difícil, nossos nervos geralmente ficam à flor da pele. Temos medo de cometer um erro, dizer alguma coisa errada ou ter um desempenho ruim. Essa preocupação deixa tudo ainda pior. Ruminamos sobre qualquer coisa que pode dar errado e nos concentramos tanto nas hipóteses negativas que acabamos por atrapalhar nossa atuação.

Por sorte, muitas vezes, outras pessoas intervêm. Amigos, parceiros ou colegas próximos percebem nossa ansiedade e tentam nos acalmar. "Você vai se sair muito bem", dizem eles, ou "Não se preocupe com isso, você é um orador muito persuasivo e está superpreparado". Eles nos ajudam a ver o lado positivo, dizem-nos que tudo vai dar certo ou nos lembram de como nos saímos bem da última vez. Direcionam nossa atenção para os aspectos positivos ou para aquilo que podemos controlar. A dúvida é: por que não conseguimos fazer a mesma coisa por nós mesmos?

Afinal, se quando outras pessoas nos dizem que vamos nos sair bem isso basta para nos acalmar, por que não podemos simplesmente dizer a mesma coisa para nós mesmos?

Uma hipótese é que nossos problemas sejam maiores do que os dos outros. Nossas apresentações, primeiros encontros ou conversas difíceis são mais importantes, estressantes ou difíceis do que aqueles com as quais outras pessoas têm que lidar.

Talvez. Mas, a menos que estejamos fazendo uma apresentação na Casa Branca ou negociando um tratado nuclear, nossas dificuldades provavelmente estão no mesmo nível de todos os demais.

Na verdade, a questão é mais sutil: mesmo quando se trata de situações idênticas, a sensação é diferente quando acontece com a gente.

Se alguém está ansioso ou nervoso, é fácil oferecer conselhos úteis. Dar um passo para trás, ter uma perspectiva mais ampla e refletir sobre o assunto de maneira racional. Olhar para a situação de forma mais objetiva.

Essa apresentação deveria provocar tanta ansiedade assim? Provavelmente, não. Vai ser o fim do mundo? Pouco provável. No geral, no grande esquema das coisas, não é tão assustador assim.

Mas, quando está acontecendo conosco, é difícil dar essa distância. Estamos tão tomados pela situação que não conseguimos pensar direito. As emoções correm soltas e comprometem nosso desempenho. A atenção se estreita, ficamos ruminando sobre os aspectos negativos, e parece impossível nos libertarmos.

Para explorar formas de acalmar as pessoas, pesquisadores da Universidade de Michigan colocaram os participantes de um estudo em uma situação estressante.[9] Pediu-se a eles que pensassem em seus empregos dos sonhos, o cargo que mais desejavam na empresa para a qual sempre quiseram trabalhar.

Em seguida, foi pedido a eles que fizessem um discurso sobre por que eram qualificados para aquela função. Era preciso ficar diante de um grupo de avaliadores e explicar por que, entre centenas, se não milhares, de pessoas que talvez quisessem aquele cargo, eram elas as pessoas certas para o trabalho.

Como se isso já não fosse desafiador o suficiente, eles tiveram apenas cinco minutos para se preparar.

Parece estressante? Era mesmo. Os batimentos cardíacos das pessoas aumentaram, a pressão arterial subiu e o nível de cortisol, o principal hormônio de estresse do corpo, disparou. Falar em público na frente de pessoas que estão avaliando você é uma das formas mais poderosas que os cientistas têm para provocar o estresse.

Os observadores colocaram as pessoas nessa situação porque estavam interessados no impacto do chamado diálogo interno. Usamos a linguagem para nos comunicar com os outros, mas também para falar com nós mesmos. Nós nos incentivamos a dar um último gás quando estamos em uma corrida difícil ou reclamamos para nós mesmos sobre os cabelos grisalhos que não param de aparecer a cada vez que olhamos no espelho.

O diálogo interno é a conversa interior natural de alguém. Uma voz interior que combina pensamentos conscientes a crenças e preconceitos inconscientes. Essas palavras podem ser alegres e de apoio ("Tente outra vez!") ou negativas e autodestrutivas ("Mais um fio grisalho? Você está ficando velho!").

Os cientistas se perguntaram se mudar a abordagem das pessoas em relação ao diálogo interno poderia ajudá-las a lidar melhor com o estresse. Dessa forma, eles deram às pessoas cinco minutos para preparar seus discursos e forneceram dois conjuntos distintos de instruções sobre como usar a linguagem para lidar com a ansiedade.

As pessoas geralmente falam consigo mesmas na primeira pessoa. Ao tentar entender nossos sentimentos ou descobrir por que estamos ansiosos, nos fazemos perguntas como "Por que *eu* estou tão chateado?" ou "O que está *me* fazendo sentir isso?". Usamos palavras como "eu", "mim" ou "meu" (todos os pronomes de primeira pessoa) para nos referirmos a nós mesmos.

Um grupo foi instruído a seguir essa abordagem padrão. Pediu-se aos participantes que usassem pronomes na primeira pessoa para tentar entender os próprios sentimentos e a se fazerem perguntas como "Por que *eu* estou me sentindo assim?" ou "Quais são as causas e razões subjacentes de *meus* sentimentos?".

O outro grupo usou a linguagem para obter uma perspectiva ligeiramente diferente. Em vez de tentar entender a ansiedade através de um ponto de vista pessoal, pediu-se a eles que adotassem a perspectiva de quem está vendo de fora. Em vez de se referirem a si mesmos usando "eu" ou "mim", eles foram incentivados a falar consigo mesmos como qualquer outra pessoa faria, usando palavras como "você", o próprio nome, ou "ele" ou "ela".

Se a pessoa se chamava Jane, por exemplo, ela se fazia perguntas como: "Por que *Jane* está se sentindo assim? Por que *ela* está ansiosa com a fala? Quais são as causas e as razões dos sentimentos de *Jane*?".

Os participantes leram as instruções, tiveram um minuto para refletir sobre seus sentimentos e depois foram para outra sala fazer as apresentações. Os avaliadores assistiram às falas e as classificaram em diversos aspectos.

Os resultados foram impressionantes. Ambos os grupos passaram pela mesma experiência difícil. Foram colocados na mesma situação incômoda (falar em público), tiveram o mesmo tempo (curto) para se preparar, e os mesmos cinco minutos para pensar em seus sentimentos antes de se apresentarem. A única diferença era se eles tinham falado consigo mesmos na segunda e/ou terceira pessoas ou na primeira. Se haviam se perguntado coisas como "Por que *você* está tão chateado?", em vez de "Por que *eu* estou tão chateado?".

No entanto, o emprego de termos distintos teve um grande impacto no desempenho. Em comparação com os pronomes padrão do diálogo interno como "eu" ou "mim", a adoção de uma perspectiva externa (ou seja, o uso do próprio nome ou de pronomes como "você") ajudou as pessoas a fazer discursos melhores. Elas ficaram mais confiantes, menos nervosas e tiveram um desempenho melhor de modo geral.

Essa mudança linguística ajudou as pessoas a se distanciarem da situação difícil e a vê-la como alguém de fora. As que adotaram a abordagem normal focada no "eu" disseram coisas como: "Ah, meu Deus, como eu vou fazer isso? Não tenho como preparar uma fala em cinco minutos sem anotação alguma. Eu levo dias para preparar um discurso!".

Mas usar os próprios nomes ou termos como "você", "ele" ou "ela" as estimulou a pensar como alguém de fora e a ver a situação de modo mais positivo. Em vez de reclamarem ou de ficarem ainda mais nervosas, isso as impulsionou a dar apoio e conselhos: "Jane, você consegue. Você já fez milhares de apresentações assim".

A perspectiva externa da linguagem ajudou os participantes a ver as coisas de forma mais objetiva, fazendo com que a situação provocasse menos ansiedade. Eles experimentaram menos emoções negativas e avaliaram a situação em termos mais positivos. Ela foi vista mais como um desafio que conseguiam enfrentar ou superar do que uma ameaça para a qual estavam despreparados ou que os apavorava.

E efeitos semelhantes foram encontrados em outros domínios. Seja na hora de escolher o que comer ou de lidar com um problema de saúde, afastar-se da linguagem em primeira pessoa proporcionou melhores resultados.[10] Isso levou as pessoas a escolherem alimentos mais saudáveis ou a se concentrarem nos fatos. Ao estimular as pessoas a pensarem em si mesmas como um terceiro faria, a mudança de linguagem aprimorou seus resultados.

O mesmo princípio pode ser aplicado a uma série de situações. Praticar o diálogo interno positivo, por exemplo, melhora o desempenho esportivo.[11] Atletas profissionais geralmente visualizam o sucesso, imaginam múltiplos cenários ou até repetem um mantra durante os treinos.

Para tentar melhorar os ânimos para uma competição, por exemplo, atletas dizem a si mesmos: "Você consegue!". Dizer "Eu consigo!" pode soar um pouco forçado, ao passo que assumir a perspectiva de alguém de fora parece mais natural e pode ser mais fácil de pôr em prática.

SAIBA QUANDO USAR O "VOCÊ"

De modo geral, a pesquisa sobre o diálogo interno ressalta quando pronomes como *você* são úteis e quando terão o efeito oposto.

Alguns anos atrás, uma multinacional de tecnologia me pediu para analisar suas postagens nas redes sociais para descobrir o que estava dando resultado e o que não estava. Depois de fazer análises de texto em milhares de publicações, descobrimos que usar "você" aumentava o engajamento dos leitores. Postagens que usavam essa palavra ou outros pronomes de segunda pessoa, como "seu", tiveram mais curtidas e receberam mais comentários.

Tendo isso em vista, a empresa começou a ajustar a estratégia para mídias sociais, a usar mais dessas palavras nas publicações e a observar um aumento significativo no engajamento.

Além disso, a empresa me pediu para fazer uma análise semelhante nos textos de suporte ao cliente do site deles, que falavam sobre como configurar um novo notebook ou resolver problemas em um dispositivo, e descobrir se os leitores achavam aqueles textos úteis.

Em comparação com as publicações nas redes sociais, no entanto, nas páginas de suporte ao cliente, palavras como "você" tiveram o efeito oposto. Embora tenham aumentado o engajamento nas redes, elas levaram as páginas de suporte a serem classificadas como *menos* úteis.

Intrigados, começamos a explorar essa discrepância.

As publicações nas redes sociais diferem das páginas de suporte em muitos aspectos. Elas são mais curtas, menos detalhadas e mais propensas a serem vistas por não usuários.

Mas, para entender de fato por que o "você" funcionava de formas distintas, era importante entender o que o "você" e os demais pronomes de segunda pessoa faziam em cada contexto.

Nas redes sociais, os feeds das pessoas estão transbordando de conteúdo e é difícil fazê-las dar uma olhada mais profunda em algo específico. Imagens ajudam, mas também o uso dos termos certos. Em situações assim, palavras como "você" podem funcionar como uma placa de trânsito, sinalizando que algo é digno de atenção.

Quando alguém vê uma publicação intitulada "5 dicas para juntar dinheiro", não fica claro se é relevante para ela. Mas adicione o "você", por exemplo, "5 dicas que você pode usar para juntar dinheiro", e subitamente o post parece muito mais relevante. Aquela não é uma informação qualquer, é algo que *você* vai achar útil. Mesmo que a informação, em si, seja a mesma.

O "você" chama a atenção, aumenta a relevância e faz com que os leitores tenham a sensação de que alguém está falando diretamente com eles.[12]

Nas páginas de suporte ao cliente, no entanto, chamar a atenção não é tão necessário, porque as pessoas já estão lá. Elas foram até a página de suporte porque têm uma dúvida ou um problema que estão tentando resolver, então a atenção delas já está voltada para o conteúdo.

Além disso, embora o uso do "você" possa indicar que a informação é pessoalmente relevante para o leitor, também pode sugerir responsabilidade ou culpa. Comparado a dizer "Se a impressora não estiver funcionando...", dizer "Se você não conseguir fazer a impressora funcionar..." sugere que o não funcionamento da impressora é, de alguma forma, culpa do usuário. Que o problema não está no aparelho, mas na pessoa, que parece incapaz de fazer a máquina funcionar como deveria fazer.[13]

Da mesma forma, em comparação com a voz passiva ("O espaço pode ser liberado se..."), a voz ativa ("*Você* pode liberar espaço se...") sugere que o usuário precisa fazer o trabalho. E, quanto mais vezes a palavra "você" é usada, mais trabalho o usuário terá que realizar.

Não surpreende, portanto, que enquanto o "você" ajuda nas redes sociais, por chamar a atenção, ele prejudique nas páginas de suporte ao cliente, onde pode sugerir que o usuário é responsável ou culpado.

De forma geral, como discutimos ao longo do capítulo, as palavras podem mudar a impressão de controle: quem está no comando, com o volante nas mãos, quem é responsável, seja para o bem ou para o mal.

Perguntas como "Você deu comida para o cachorro?" ou "Você conferiu para quando é o relatório?" soam acusatórias. A intenção pode ser boa, apenas um pedido de informação, mas que pode facilmente ser interpretado de forma negativa. Quem disse que a responsabilidade era minha ou por que eu não teria feito?

Uma mudança sutil na estrutura ("O cachorro já comeu?") tem menos probabilidade de provocar uma reação. Ao focar na ação, e não no agente, qualquer sugestão de reprovação desaparece. Não estou sugerindo que seja tarefa *sua*, só quero saber se isso aconteceu, para que eu possa fazer em caso negativo. O mesmo vale para frases como: "Eu queria conversar, mas você estava ocupado". A afirmação pode ser verdadeira. Queríamos conversar, e a outra pessoa estava ocupada. Mas essa forma sugere que a culpa é da outra pessoa. Que não só é ruim o fato de ela estar ocupada, mas que também é culpa dela a conversa não ter ocorrido.

Deixar o "você" de lado e passar para algo como "Eu queria conversar, mas agora não parece ser um bom momento" evita qualquer sensação de acusação. Está claro que não é culpa de ninguém, e soamos mais atenciosos do que exigentes. Evitar o "você" acusatório ajuda a não atribuir culpas indevidas.

O mesmo vale para o "eu", o "mim" e outros pronomes de primeira pessoa. Depois de dar a primeira garfada, o filho de três anos de um amigo reclamou que "O jantar não está gostoso".

Seus pais, que haviam passado horas planejando, comprando e preparando a refeição, obviamente ficaram chateados. Eles queriam que o filho gostasse da comida. Mas também aproveitaram a oportunidade para ensinar a ele uma lição importante. Eles comentaram que havia uma diferença entre algo não ser bom e alguém não gostar, e disseram que só porque uma pessoa não gosta de determinada coisa, isso não significa que ela seja ruim.

Quando os pronomes de primeira pessoa são descartados, pode parecer que as opiniões estão sendo expressas como se fossem fatos. "Isso não está certo" ou "O jantar não está gostoso" sugere objetivamente que algo está ruim. Mas empregar o "eu" deixa claro que o comentário deve ser visto como uma opinião, e não como um fato.

"Não acho que isso esteja certo" mostra que, quer outros concordem ou não, a afirmação é uma opinião pessoal.

Os pronomes pessoais atribuem responsabilidades. Portanto, usá-los ou não depende do grau de responsabilidade que queremos atribuir ao que quer que estejamos falando.

Ao apresentar os resultados de um projeto, por exemplo, alguém pode dizer "Eu encontrei *x*" ou "Os resultados mostraram *x*". "Eu encontrei" deixa claro quem fez o trabalho. A pessoa que fala se esforçou e merece receber o crédito.

Mas dizer isso também faz com que as descobertas pareçam mais subjetivas. Claro, *você* encontrou uma coisa, mas outras pessoas teriam encontrado o mesmo ou suas descobertas são baseadas nas escolhas que *você* fez durante a condução do projeto? Consequentemente, usar pronomes ou não depende de como queremos atribuir crédito ou culpa, e o quão subjetivo ou objetivo queremos que a informação soe.

Fazendo mágica

Palavras fazem mais do que apenas transmitir informações. Elas sinalizam quem está no comando, quem é culpado e o significado de se engajar em determinada ação. Consequentemente, ao tirar proveito da linguagem da identidade, podemos estimular ações desejadas tanto em nós mesmos quanto nos outros. Para isso:

1. **Transforme ações em identidades.** Precisa pedir ajuda ou convencer alguém a fazer algo? Transforme o verbo ("Pode me *ajudar*?") em substantivo ("Topa ser meu *ajudante*?"). Estruturar ações como oportunidades de modo a confirmar identidades desejadas estimula as pessoas a assentir.
2. **Troque o *não posso* pelo *não quero*.** Está com problemas para se ater a seus objetivos ou resistir à tentação? Em vez de dizer "não *posso*", experimente dizer "não *quero*" (por exemplo, "Não quero sobremesa"). Fazer isso aumenta nossa sensação de poder e nos torna mais propensos a alcançar nossos objetivos.
3. **Transforme o *deveria* em *poderia*.** Quer ser mais criativo ou encontrar uma solução criativa para um problema difícil? Em vez de perguntar o que você *deveria* fazer, pergunte o que você *poderia* fazer. Isso estimula o pensamento divergente e nos ajuda a fugir da mesmice.
4. **Converse com você.** Nervoso por causa de uma apresentação ou uma entrevista importante? Experimente falar consigo mesmo na terceira pessoa ("Você consegue!"). Isso nos distancia das situações difíceis, reduz a ansiedade e melhora o desempenho.

5. **Escolha bem os pronomes.** Seja ao tentar chamar a atenção de alguém ou a não brigar com o cônjuge, reflita com cuidado sobre o uso de pronomes como "eu" e "você". Eles podem chamar a atenção e assumir o controle, mas também sugerem responsabilidade e culpa.

Ao compreender a linguagem da identidade e aplicá-la no momento certo, podemos usar as palavras mágicas a nosso favor.

Além da identidade e da autonomia, porém, existe um outro tipo de palavra mágica que merece atenção. São as palavras que transmitem confiança.

2

Transmita confiança

Ao pensar em oradores famosos, Donald Trump não é o primeiro nome que vem à cabeça.

O estadista romano Cícero é frequentemente citado como um dos maiores oradores de todos os tempos. Ele dizia que falar em público era a forma mais elevada de atividade intelectual e acreditava que bons oradores deveriam se expressar com sabedoria e eloquência, de forma planejada e grandiosa. Nessa mesma linha, figuras como Abraham Lincoln e Winston Churchill foram elogiadas por sua argumentação clara e lógica, por pensamentos poderosos e ideias bem fundamentadas.

Trump não se encaixa nessa categoria. Suas frases, em geral, são gramaticalmente desajeitadas, repetitivas e cheias de expressões simplistas. Veja seus comentários ao anunciar sua campanha presidencial: "Vou construir um grande muro, e ninguém constrói um muro melhor do que eu, acredite. E vou construir de modo muito barato". "Nosso país está com sérios problemas", continuou. "Não temos mais vitórias. Tínhamos vitórias, mas não temos. Quando foi a última vez que alguém nos viu derrotando, digamos, a China, em um acordo comercial? Eu derroto a China o tempo todo. O tempo todo."

Não surpreende que esse discurso tenha sido recebido com escárnio generalizado. As pessoas o criticaram por ser simplista, a revista *Time* o chamou de "vazio" e outros riram e o acusaram de fanfarronice.

Menos de um ano depois, Trump foi eleito presidente dos Estados Unidos.

O estilo de falar de Trump está muito longe do que se chama de eloquente. Seu jeito hesitante, muitas vezes incoerente, é repleto de pensamentos desconexos, pausas e recomeços, e uma série de tropeços.

Mas, ame-o ou odeie-o, Trump é um grande vendedor. Ele é convincente, persuasivo e incrivelmente impactante na hora de motivar o público a agir.

Então, como é que ele faz isso?

Para entender o que torna o estilo de fala de Trump tão eficaz, é válido partir de um ponto bem distinto. E ele fica em um pequeno tribunal no condado de Durham, Carolina do Norte.

FALANDO COM PODER

Mesmo quem nunca esteve em um tribunal provavelmente já viu um na televisão. Advogados de ambos os lados, ao redor de grandes mesas de madeira. Testemunhas jurando dizer a verdade, toda a verdade e nada além da verdade. E um juiz, vestindo uma toga preta, sentado a uma mesa mais alta, presidindo solenemente os procedimentos.

O tribunal é um lugar onde a linguagem é muito importante. É impossível voltar no tempo, portanto as palavras são usadas para comunicar os fatos. Elas expressam o que aconteceu, quem fez o quê, quando e onde um suspeito ou indivíduo-chave estava em um determinado momento. Palavras definem culpa e inocência. Quem vai para a cadeia e quem é libertado. Quem é responsável e quem não é.

No início dos anos 1980, o antropólogo William O'Barr se perguntou se o estilo de apresentação tinha impacto nas decisões judiciais.[1] Se, além do que era dito, a forma *como* era dito podia ser igualmente relevante.

O senso comum dizia que o conteúdo era a única coisa que importava. Claro, o depoimento de uma testemunha ou os argumentos do advogado são fundamentais para a decisão do júri, mas simplesmente porque eles haviam exposto os fatos. Afinal, presume-se que o sistema jurídico seja um árbitro imparcial e objetivo da verdade.

Mas O'Barr se perguntou se essa suposição não estaria equivocada. Ele queria saber se pequenas variações no estilo linguístico poderiam ter impacto na forma como as pessoas eram vistas e as decisões eram tomadas. Se mudanças sutis nas palavras usadas pelas testemunhas, por exemplo, poderiam influenciar tanto o modo como o depoimento delas seria avaliado quanto a decisão geral do júri sobre o caso.

Dessa forma, sua equipe e ele passaram dez semanas observando e gravando julgamentos. Contravenções, crimes, todo tipo de caso. Ao todo, mais de 150 horas de pronunciamentos no tribunal.

Em seguida, eles ouviram as gravações e transcreveram o que havia sido falado.

Quando O'Barr analisou os dados, uma coisa chamou a atenção. Juízes, advogados e peritos se pronunciavam de um modo diferente das pessoas comuns — testemunhas e réus, por exemplo. Claro, eles empregavam mais o jargão jurídico, expressões como *habeas corpus* ou *in pari delicto*, mas a diferença ia além disso: a *forma* como eles falavam também era diferente.

Juízes, advogados e peritos usavam menos linguagem formal ("por favor" ou "sim, senhor"), menos palavras de preenchimento ("é", "hum" ou "ahn") e menos hesitações ("quer dizer" ou "como você sabe"). Eram menos propensos a proteger ou qualificar suas afirmações ("talvez" ou "tipo") e menos predispostos a transformar afirmações em perguntas ("Foi assim que aconteceu, não foi?" ou "Ele estava presente, né?").

Parte disso pode se dever apenas à situação. Afinal, os réus estão sendo julgados, portanto podem tentar ser mais educados na esperança de obter uma pena menor. Ao mesmo tempo, juízes, advogados e peritos têm muito mais experiência em tribunais, então provavelmente estão menos nervosos.

No entanto, embora parte da variação sem dúvida fosse motivada pelos papéis ou pela experiência, O'Barr pensou se havia algo mais fundamental, se a linguagem, além de ser um *reflexo* das diferenças entre quem estava falando, poderia *afetar* tanto a forma como os falantes eram vistos quanto o desfecho do caso.

Assim, com a ajuda de alguns colegas, ele realizou um experimento.[2] Eles pegaram um caso e uma testemunha específicos e usaram atores para gravar duas versões ligeiramente diferentes do depoimento dessa testemunha.

Os fatos se mantiveram os mesmos, mas a linguagem usada para expressá-los mudava. Em uma versão, a testemunha falava da mesma forma que os profissionais (juízes, advogados e peritos), e, na outra, a testemunha falava como as pessoas comuns.

Por exemplo, quando o advogado perguntou "Quanto tempo aproximadamente você ficou lá até a chegada da ambulância?", a testemunha que falava como os profissionais respondeu: "Vinte minutos. Tempo suficiente para ajudar a sra. Davis a se recuperar". A que falava como uma pessoa comum disse a mesma coisa, mas hesitou no meio do caminho: "Ah, acho que foram uns vinte minutos. Só tempo suficiente pra ajudar minha amiga, a sra. Davis, sabe, a se recuperar".

Da mesma forma, quando o advogado perguntou "Você está ciente dos procedimentos?", a testemunha que falava como os profissionais respondeu apenas “Sim”, enquanto a que outra usou qualificadores e disse: “Sim, acho que estou”.

Então, para pôr à prova o impacto de cada um dos cenários, os pesquisadores fizeram com que pessoas diferentes assistissem a cada uma das gravações e chegassem a uma decisão, como um membro de um júri faria. Esses participantes apresentaram suas impressões sobre a testemunha e determinaram se o réu deveria ou não pagar uma indenização ao reclamante e, em caso positivo, de quanto.

Conforme as previsões de O’Barr, pequenas diferenças na escolha das palavras mudaram a forma como a testemunha era vista. Falar como um profissional a fez parecer mais confiável. Os participantes a consideraram mais confiável, competente e convincente, e eram mais propensos a acreditar no que ela tinha a dizer.

E essas mudanças moldaram também as reações deles ao testemunho. Embora os fatos fossem os mesmos, ouvir uma testemunha que falava como um profissional fez os participantes acharem que o reclamante merecia milhares de dólares a mais de indenização.

O’Barr tinha descoberto o impacto de falar com poder.

Desde então, os cientistas destilaram os componentes específicos da linguagem “poderosa”. Mas, no fundo, a ideia principal se manteve. Falar com poder faz as pessoas soarem confiantes. Isso as faz parecer mais precisas, seguras de si e bem informadas, o que torna o público mais propenso a prestar atenção e mudar de ideia.[3]

Trump fala com poder, os gurus da liderança falam com poder e os fundadores de start-ups, pelo menos os carismáticos, falam com poder. Eles apresentam um ponto de vista, uma visão de mundo, uma perspectiva ou uma ideologia que parece tão convincente que é difícil discordar. Eles parecem tão confiantes no que estão dizendo que é difícil acreditar que estejam incorretos.

Falar com poder ou confiança não é algo apenas inato, é algo que pode ser aprendido.

As quatro maneiras de falar com confiança são: (1) deixar de lado as evasivas, (2) não hesitar, (3) transformar pretérito em presente e (4) saber quando expressar dúvida.

DEIXAR DE LADO AS EVASIVAS

Em 2004, pesquisadores fizeram um experimento sobre a escolha para um posto de consultor financeiro.[4] Pediu-se aos participantes para imaginarem que haviam herdado uma determinada soma e que estavam em busca de um consultor para ajudá-los a investir esse dinheiro. Alguns amigos recomendaram o Consultor A e outros recomendaram o Consultor B. Então, para decidir, eles organizariam uma competição. Cada um estimaria a probabilidade de determinadas ações se valorizarem em um período de três meses. Os participantes comparariam as estimativas dos consultores e o desempenho real das ações, e contratariam o consultor cujas previsões eles tivessem gostado mais.

O Consultor A, por exemplo, disse que havia 76% de chance de a ação de uma determinada empresa aumentar de valor, e a ação de fato subiu. Da mesma forma, o Consultor B disse que havia 93% de chance de que as ações de outra empresa aumentassem de valor, e o valor também aumentou.

Depois de ler algumas dezenas de previsões de cada consultor e analisar o desempenho de cada ação, foi perguntado aos participantes qual dos dois potenciais consultores eles contratariam.

Em termos de precisão, ambos haviam sido igualmente bons. Ambos estavam certos em 50% das vezes.

Porém, sem que os participantes soubessem, havia uma diferença importante entre os dois consultores. Embora fossem igualmente precisos, um deles fazia julgamentos muito mais radicais. Enquanto o mais moderado achava que havia 76% de chance de uma ação subir, por exemplo, o mais radical achava que havia 93% de chance. E, enquanto o mais comedido achava que uma ação tinha 18% de chance de cair, o mais radical achava que as chances eram de 3%.

Alguém poderia achar que as pessoas prefeririam o consultor moderado. Afinal, ele estava mais bem calibrado. Dado o grau de incerteza em relação ao desempenho das ações, as estimativas moderadas eram mais razoáveis.

Mas não foi isso que aconteceu.

No fim das contas, quase três quartos das pessoas escolheram o consultor mais radical. Elas preferiam a orientação de alguém que expressasse maior confiança (que parecesse mais seguro), embora essa confiança superasse a capacidade real dos consultores de estimar as tendências do mercado.

E o motivo por trás disso é o mesmo que rege o poder na linguagem poderosa. Seja ao escolher um consultor financeiro, ouvir uma testemunha ou votar para presidente, comunicadores mais seguros ou confiantes sobre o que estão dizendo alcançam um maior grau de persuasão.

Porque, quando as pessoas falam com segurança, é mais provável acharmos que elas estão certas. Qual candidato vai fazer o melhor trabalho? É difícil saber ao certo, mas, se alguém fala com segurança, é mais difícil não acreditar nele. Afinal de contas, eles parecem muito confiantes.

Os consultores financeiros transmitiram sua confiança por meio dos percentuais. Suas opiniões podem ter sido as mesmas (a ação vai subir), mas expressaram essas opiniões com diferentes graus de certeza. Comparando as porcentagens, dizer que algo tem uma chance maior de acontecer faz com que pareça mais provável, com que o comunicador pareça mais seguro.

As palavras, porém, podem servir à mesma função. Por exemplo, se alguém diz que *sem dúvida* vai chover, isso sugere que há uma boa chance de que chova mesmo. Talvez não 100%, mas 95% ou mais. Se alguém diz que é *altamente provável* que chova, essa previsão é ajustada um pouco para baixo. Mais perto dos 95%, não mais dos 100%.

Palavras como "provável" sugerem que a chance é mais baixa (mais ou menos 70%), "possível" indica cerca de 50% de chance e "improvável" sugere que a ocorrência é ainda menos provável. Se alguém dissesse que *quase não há chance* de chuva, você provavelmente estabeleceria a probabilidade próximo ao zero.

Consequentemente, vocábulos como esses não apenas fazem previsões, como também moldam ações. Se alguém diz que *sem dúvida* vai chover, por exemplo, você já pode pegar o guarda-chuva; o mesmo se alguém disser que *está na cara* que vai chover ou que *com certeza* vai chover.

Se alguém disser que *pode* chover, que *talvez* chova ou que é *improvável* que chova, é menos provável que tomemos as mesmas precauções. Presumimos que a chance de nos molharmos é menor, então podemos deixar o guarda-chuva em casa.

Assim como o estudo dos consultores financeiros, no entanto, palavras como essas também moldam o quão seguros ou confiantes os comunicadores soam. Se alguém usa palavras como "indiscutivelmente", "visivelmente" ou "certamente", isso sugere um alto grau de confiança. Essas pessoas têm certeza do que vai acontecer. Vai chover, sem dúvida.

Se usam expressões como "talvez" ou "pode ser", sinalizam mais incerteza. Elas acham que pode chover, mas não estão certas.

Essas expressões são chamadas de evasivas. São usadas para expressar ambiguidade, cautela ou hesitação. O mesmo vale para expressões como "acho", "suponho" e "presumo".

Exemplos de evasivas		
Talvez	Na minha opinião	Tipo
Pode ser	Eu acho	Meio que
Parece	Ao que parece	Mais ou menos
Provavelmente	Acredito	Aproximadamente
Eventualmente	Acho	Geralmente
Aparenta	Suponho	Um pouco

As evasivas vão além das expressões de probabilidade. As pessoas podem usar evasivas para expressar incerteza sobre a quantidade exata de determinada coisa ("Tive isso há *cerca* de três meses"), quanto ao que outra pessoa disse ("*De acordo* com ele, funciona bem") e sobre a validade geral de suas impressões ("*Na minha opinião*, não vale o preço"). Quando alguém diz "aproximadamente", "provavelmente", "acredito", "geralmente", "tipo", "quiçá", "presumivelmente", "raramente" ou "comumente", está se protegendo. Está expressando incerteza em alguma medida.

Usamos evasivas o tempo todo. Dizemos que *achamos* que algo vai funcionar, que uma solução *pode* ser eficaz ou que uma abordagem alternativa *talvez* dê certo. Sugerimos que uma medida *parece* ser uma boa providência ou que, *na nossa opinião*, vale a pena tentar outra coisa.

Mas, sem que percebamos, as evasivas podem minar nosso impacto, porque, quando compartilhamos ideias ou recomendações, as evasivas as enfraquecem. Estamos dando a entender que não temos certeza se vale a pena adotar essas ideias ou recomendações.

Na prática, quando um colega e eu perguntamos às pessoas qual a probabilidade de seguirem o conselho de alguém, acrescentar evasivas ao conselho deixava as pessoas menos propensas a adotá-lo. Elas se tornavam menos predispostas a comprar um produto recomendado ou a adotar uma atitude sugerida.

Isso porque as evasivas indicam ausência de confiança. Dizer que uma solução *pode* dar certo, que aquele restaurante *parece* bom ou que *provavelmente* é hora de consertar o motor sinaliza insegurança. A pessoa não tem confiança de que a solução vá dar certo, de que o restaurante é bom nem de que é hora de levar o carro para o conserto. E, embora ser cauteloso, às vezes, seja positivo, as evasivas minam a capacidade de influenciar os outros, porque fazem o emissor da mensagem soar menos confiante.

Se alguém não tem certeza de que uma solução em potencial vai dar certo, por que a adotaria? Se não está claro que o restaurante é bom, talvez eu vá comer em outro lugar. E se o mecânico não tem certeza de que está na hora de consertar o motor, não só vou deixar a manutenção para depois, como talvez encontrar um mecânico que pareça mais experiente.

Isso não significa que nunca devemos usar evasivas, mas que devemos usá-las de forma mais consciente.

Às vezes, agimos assim de propósito. Queremos sinalizar insegurança, incerteza ou falta de clareza quanto a um desfecho. E, se esse for o objetivo, a evasiva é uma coisa ótima. Mas, muitas vezes, somos evasivos sem nem perceber. Estamos tão acostumados a usar determinados termos que os inserimos na frase sem motivo. E isso é um equívoco.

Muitas vezes, as pessoas inconscientemente introduzem uma afirmação dizendo "eu acho", "na minha opinião" ou "ao que me parece". Mas, embora essas expressões possam ser úteis em alguns casos, elas tornam a subjetividade do que estamos dizendo desnecessariamente explícita.

Ao dizer coisas como "Ela é uma ótima contratação" ou "Temos que fazer isso", já estamos compartilhando uma opinião. Afinal, somos nós que estamos dizendo. Então, a menos que queiramos sinalizar que aquilo é subjetivo, iniciar a frase com "eu acho" ou "na minha opinião" limita o nosso impacto. Nos faz soar menos confiantes de que outros chegarão às mesmas conclusões, o que torna menos provável que nosso exemplo seja seguido.

Portanto, nos casos em que há o desejo de sinalizar alguma incerteza, use as evasivas corretas. Em vez de dizer "*Parece* que isso vai dar certo", por exemplo, pessoalizar, dizendo "Ao que *me parece*, isso vai dar certo", na prática aumenta o grau de persuasão, porque transmite confiança. Sinaliza que você reconhece a incerteza e que admite isso.

Já para transmitir confiança, deixe de lado as evasivas. Se não for possível, tenha em mente que a localização também importa. Abrir a frase com elas ("*Eu acho* que esse é o melhor"), por exemplo, transmite mais confiança do que as empregar depois da afirmação ("Esse é o melhor, *eu acho*"). Introduzir com a evasiva indica que você está ciente de que algo é uma opinião sua, mas que está bastante confiante em relação a ela. Já usá-la após a afirmação sinaliza um recuo, fazendo com que tanto a informação quanto a pessoa que a expressa soem menos seguras.

Mas, para deixar as evasivas de lado, faça como Donald Trump: use categóricos.

Palavras como "indiscutivelmente", "visivelmente" e "obviamente" eliminam qualquer sombra de dúvida. As coisas são *inequívocas*, as evidências são *irrefutáveis* e a resposta é *inegável*. *Todo mundo* sabe, é *garantido*, e é *justamente* do que precisamos agora.

Categóricos fazem mais do que sinalizar a ausência de insegurança. Eles sugerem que as coisas estão 110% claras. O emissor está confiante, e o curso de ação é óbvio. Isso faz com que os receptores fiquem mais propensos a segui-lo, qualquer que seja a sugestão.[5]

Exemplos de categóricos		
Indiscutivelmente	Garantido	Inequívoco
Visivelmente	Irrefutável	Inquestionável
Obviamente	Absolutamente	Fundamental
Inegável	Todo mundo	Sempre

NÃO HESITAR

As evasivas fazem as pessoas parecerem menos confiantes, menos poderosas e menos eficazes, mas há outra escolha linguística que provoca ainda mais prejuízos: a hesitação.

Lindsey Samuels estava tentando descobrir como melhorar seu estilo de apresentação. A executiva de vendas de 41 anos falava em público dezenas de vezes por semana tanto para clientes ativos quanto para os em potencial, além de colegas e superiores.

Mas ela não estava gerando o impacto que esperava. Às vezes, as pessoas adotavam seus conselhos, mas com bastante frequência seguiam na mesma. Tudo permanecia igual, embora as sugestões de fato proporcionassem melhorias.

Ela queria fechar mais vendas, convencer mais clientes e aumentar seu impacto, então fizemos uma auditoria de comunicação. Exploramos o que ela estava fazendo bem e em que poderia melhorar.

Comecei lhe pedindo que compartilhasse algumas de suas apresentações. Ao analisá-las, porém, era difícil ver quaisquer problemas. Os slides eram claros, a linguagem era concreta e concisa, e ela usava ótimas analogias para apresentar conceitos complicados. Os slides, em si, pareciam fortes.

Se o problema não era o conteúdo, talvez fosse a forma como era passado. Então, perguntei se poderia vê-la apresentar o material. Foi durante a pandemia da Covid-19, então, em vez de nos encontrarmos pessoalmente, fizemos videochamadas.

Desde o início, ficou claro que havia alguma coisa errada. As ideias em si eram bem elaboradas, mas algo na forma como ela as apresentava comprometia sua eficácia. Eu só não conseguia descobrir o que era.

As conversas ficaram gravadas, então voltei e lhes assisti novamente. Eu ouvia a voz dela por detrás de cada slide conforme ela os apresentava, mas mesmo assim não conseguia identificar o que não estava funcionando.

Então, como parte da atualização mensal do software, a empresa de videochamadas lançou alguns novos recursos. Em meio a melhores opções de votação e diferentes formas de desenhar na tela, eles acrescentaram a transcrição automática. Junto com a gravação em vídeo e o áudio de cada reunião, o cliente recebia uma versão escrita de tudo o que havia sido dito durante a conversa.

Passei a compartilhar as transcrições com os clientes, pois poderiam ser úteis. A maioria das pessoas achava mais fácil passar os olhos por elas do que ouvir todo o áudio, mas Lindsey, em particular, ficou horrorizada. "Eu falo mesmo assim?", perguntou ela. Eu respondi que não sabia ao certo a que ela estava se referindo, e, dez minutos depois, ela compartilhou comigo um arquivo da transcrição. Ao longo do documento, ela circulou todas as vezes que disse "é", "hum" e "ahn". E havia muitos deles.

A transcrição lançou luz sobre o problema.

Nas semanas seguintes, Lindsey agiu para eliminar a hesitação de suas apresentações. Ela ensaiou o que iria falar, preparou respostas com antecedência para possíveis perguntas e fazia uma pausa, quando necessário, para retomar o fio da meada.

E deu certo. Ao usar menos "hums" e "ahns", as apresentações se tornaram mais potentes. No mês seguinte, por exemplo, o número de clientes convertidos foi um terço maior. Cortar as palavras de preenchimento transformou Lindsey em uma comunicadora mais eficaz.

Na comunicação do dia a dia, a maioria de nós diz com frequência coisas como "é", "hum" e "ahn". É um tique verbal comum, que usamos quando estamos organizando nossas ideias ou pensando no que dizer a seguir. Expressões como "tipo", "sabe?", "quer dizer", "tá" e "aí" também costumam ter função semelhante. E é um recurso ao qual é fácil recorrer.

Mas, embora auxiliem uma vez ou outra, quando usadas com muita frequência essas hesitações ou palavras de preenchimento podem enfraquecer tudo o que está sendo dito.

Imagine que alguém comece uma apresentação importante dizendo: "Eu… hum… acho que o que eu… é… vou dizer aqui… hum… é de fato fundamental". Que conclusão você tiraria sobre essa pessoa e o que ela vai falar? Ela soaria perspicaz e equilibrada, ou ansiosa e despreparada? Que confiança você teria na recomendação dela? Você faria algo que ela sugerisse?

Provavelmente, não. Inclusive, pesquisas mostram que as hesitações são ainda mais prejudiciais do que as evasivas. Elas imprimem uma imagem de pouco poder e autoridade e as tornam menos eficazes na hora de transmitir o conteúdo que tentam comunicar.[6]

Quando alguém diz "é", "hum" ou "ahn" com muita frequência, é um sinal de que não sabe do que está falando. Que não é de fato um especialista.

Na verdade, a hesitação pode ter um impacto ainda maior do que as credenciais da pessoa. Em um estudo, os alunos ouviram gravações de discursos de abertura de uma disciplina.[7] O pesquisador queria saber como a linguagem moldava as impressões, então alguns alunos ouviram um áudio em que o professor hesitava algumas vezes. Ele dizia "é", "ahn" ou "hum" de cinco a sete vezes ao longo da apresentação. Na gravação apresentada a outros alunos, o professor não hesitou. Em ambos os casos, o conteúdo era idêntico.

Além do que o docente dizia, porém, o estudo também manipulou a forma como ele era descrito. Alguns alunos foram informados de que ele tinha um status relativamente alto (um catedrático), enquanto outros foram informados de que ele tinha um status inferior (um aluno de pós-graduação).

No que tange a exposição de ideias, nossa tendência é dar muito valor ao status. Em uma reunião, por exemplo, presumimos que os participantes estarão mais propensos a escutar se for o chefe falando, em comparação a um subordinado. Ou que a mesma ideia terá maior impacto se alguém de status mais alto a trouxer à tona.

E isso está parcialmente certo. O status importa. Às vezes. Quando os alunos acreditaram estar ouvindo um professor de status elevado, consideraram-no um apresentador mais forte e dinâmico.

Mas o que o orador *disse* importou muito mais. Hesitar é prejudicial. Os professores que hesitavam foram vistos como menos inteligentes, mal informados e menos qualificados. Os alunos acharam que eles tinham menos experiência e lhes atribuíram um status inferior, independentemente de qual fosse sua posição.

Na verdade, um professor de "status inferior" que não hesitava era visto de forma mais positiva do que um professor de "status superior" que o fazia. O estilo superava o status.

Portanto, não hesite. Um "ahn" ou "hum" de vez em quando não é o fim do mundo. Podem sinalizar que estamos refletindo ou que ainda não concluímos o que temos a dizer.

Mas hesitar com muita frequência provoca danos à nossa eficácia. Transmitem a imagem de indecisão e insegurança, e essa ausência de segurança prejudica a confiança que as pessoas terão em nós e nas nossas opiniões.

Muitas vezes, usamos as hesitações para preencher o espaço da conversa. Começamos a falar antes de saber o que queremos dizer, então temos que lançar um "ahn" ou "hum" em algum momento enquanto pensamos no que será dito. Inclusive, é por isso que essas interjeições costumam ser chamadas de *preenchimentos*. Algo similar ocorre com os chamados *marcadores conversacionais*, tal como na frase "Está frio, não é?". Transformar uma afirmação em uma pergunta sugere que a pessoa não está certa de seus pontos de vista e as torna menos persuasivas.

Mas esperar antes de falar pode reduzir a necessidade de hesitações. Isso nos dá tempo para pensar no que dizer e nos faz parecer mais competentes.

E a pausa traz outros benefícios também. Estudos que meus colegas e eu conduzimos mostraram que dar uma pausa faz com que os locutores sejam vistos de forma mais positiva. Isso não só dá ao público tempo para processar o que foi dito, como também os estimula a responder com indicadores verbais curtos de concordância (por exemplo, "Sim", "Aham" ou "Ok"), o que os levou a gostar mais do falante de modo geral.

Portanto, em vez de dizer "hum" ou "ahn", faça uma pequena pausa. As pessoas vão enxergá-lo de forma mais positiva, e terão maior probabilidade de seguir suas sugestões.

De modo geral, a pesquisa sobre evasivas e hesitações tem implicações claras. Vai fazer uma grande apresentação? Uma proposta de vendas importante? Substitua palavras, frases ou ações que sinalizam insegurança por uma linguagem que transmita convicção.

Quando alguém diz que uma solução é *óbvia* ou que os resultados são *inequívocos*, isso emana confiança. Sugere que, em vez de estar simplesmente compartilhando uma opinião, a pessoa está compartilhando uma verdade sobre o mundo. E, em consequência disso, é mais provável que outras pessoas embarquem.

TRANSFORMAR PRETÉRITO EM PRESENTE

Deixar de lado as evasivas e as hesitações é uma forma de falar com confiança, mas, na verdade, existe uma abordagem ainda mais sutil.

Pessoas compartilham opiniões o tempo todo. Elas falam sobre produtos de que gostam, filmes que odiaram, férias que adoraram. Elas dizem que um aspirador de pó funciona bem, um filme é chato ou que uma praia tem o melhor pôr do sol.

Ao analisar essas informações, tendemos a nos concentrar nos substantivos, adjetivos e advérbios. Queremos saber se um aspirador de pó limpa bem, se um filme foi interessante ou se um destino de férias é ideal.

Além de substantivos, adjetivos e advérbios, porém, há um aspecto que muitas vezes recebe pouca atenção: o tempo verbal.

Os verbos são parte indispensável da comunicação. Os substantivos indicam do que ou de quem estamos falando, mas são os verbos que transmitem o estado ou a ação de um substantivo. Pessoas andam. E-mails são enviados. Ideias são compartilhadas. Os verbos ajudam a colocar o sujeito de um enunciado em uma determinada posição ou movimento. Sem eles, a comunicação seria apenas ficar apontando para pessoas, lugares e coisas, sem dizer nada.

Uma forma pela qual os verbos variam é em relação ao tempo, ou seja, o período do qual eles tratam. O tempo determina *quando* uma ação ou evento ocorreu. Se alguém disser que "estudou" para uma prova, por exemplo, isso indica que a ação ocorreu no pretérito; o ato de estudar já aconteceu.

A mesma ação também pode ocorrer no presente. Se alguém diz que "está estudando" para uma prova, isso sugere que ele está estudando naquele momento. Ao mudar o tempo verbal do pretérito para o presente, um comunicador indica não apenas sobre *o que* está falando (estudar), mas *quando* (pretérito ou presente).

O tempo verbal comunica se alguém estuda, está estudando ou estudará no futuro. Da mesma forma, ele informa se um projeto está concluído, está sendo concluído ou será concluído.

Inclusive, em muitas situações, o tempo é determinado pelo contexto. Se alguém ainda não começou a estudar, não pode dizer que "estudou" (a menos que esteja mentindo). Da mesma forma, se um projeto já estiver concluído, uma pessoa geralmente não vai colocar "estará" antes de "concluído".

Mas, em outras situações, as pessoas podem escolher o tempo verbal que querem usar. Ao falar sobre um candidato a emprego, por exemplo, alguém pode dizer que ele "parece" ou "pareceu" bom. Ao descrever um novo aspirador de pó, podemos dizer que ele "limpa" ou "limpou" bem. E, ao descrever um destino de férias, alguém pode dizer que as praias "são" ou "eram" incríveis.

Meu colega Grant Packard e eu nos perguntamos se uma mudança no tempo verbal poderia influenciar a capacidade de persuasão, se usar o presente em vez do pretérito poderia fazer as pessoas ficarem mais convencidas de algo que está sendo dito.

Para testar essa hipótese, analisamos mais de um milhão de avaliações online — centenas de milhares de vezes em que as pessoas expressaram opiniões sobre produtos e serviços.

Em cada avaliação, mensuramos a frequência com que o avaliador usou o pretérito ou o presente, e o impacto de sua apreciação. Se as pessoas a acharam útil, e se as tornou mais propensas a adquirir o produto ou serviço em questão.

Começamos pelos livros. A análise de cerca de 250 mil resenhas de livros na Amazon revelou que o uso do presente ampliava o impacto. Dizer que um livro "é" (em vez de "foi") uma boa leitura, ou que "tem" (em vez de "teve") um ótimo desenvolvimento do enredo levou outras pessoas a acharem aquela avaliação mais útil.

Isso foi intrigante, mas poderíamos questionar se não era devido a algo específico da categoria de produto examinada. A maioria das pessoas lê um livro apenas uma vez, por exemplo, o que talvez implique no emprego do pretérito nas resenhas de livros e, portanto, o tempo presente é mais inesperado.

Então, para testar essa hipótese, examinamos uma categoria em que os produtos são consumidos diversas vezes: a música. A maioria das pessoas ouve uma música ou álbum mais de uma vez, o que provavelmente acarreta uma maior ocorrência do uso do presente.

Mas encontramos o mesmo resultado. Críticas que usaram mais verbos no presente foram mais persuasivas.

No fim das contas, em uma variedade produtos (por exemplo, eletroeletrônicos) e serviços (por exemplo, restaurantes) o padrão se manteve. Independentemente do objeto investigado, o presente aumentava o impacto. Dizer que a música "é" em vez de "foi" ótima, que uma impressora "faz" em vez de "fez" um bom trabalho, ou que um restaurante "serve" em vez de "serviu" tacos deliciosos levou as pessoas a acharem as opiniões mais úteis, proveitosas e convincentes. Ouvir que uma praia "tem", em vez de "tinha", uma ótima atmosfera fez as pessoas acharem que gostariam mais dela como destino de férias.

E a razão disso é a mesma por trás do efeito das evasivas, das hesitações e da linguagem poderosa.

O pretérito sugere que algo era verdade em um determinado ponto no tempo. Se alguém diz "Aquele candidato a emprego *era* esperto" ou "A solução *funcionou* bem", isso sugere que o locutor achou o candidato esperto quando o entrevistou na véspera ou que a solução foi eficaz quando implementada na semana anterior.

Além disso, como as experiências pessoais são, naturalmente, subjetivas, o uso do pretérito sugere que o que está sendo comunicado também é subjetivo. Dizer que um livro *foi* uma leitura divertida, por exemplo, indica que a opinião é baseada em uma experiência particular — que, quando o autor da avaliação leu o livro, gostou dele.

Consequentemente, o pretérito pode transmitir algum grau de subjetividade e transitoriedade. Essa opinião é baseada na experiência de uma pessoa em particular, em um determinado momento.

O presente, em contraste, sugere algo mais geral e duradouro. Dizer que algo *funciona* bem sugere que *funcionou* bem no passado, que continua a funcionar bem e que continuará a funcionar no *futuro*. Dizer que algo *dá* conta do trabalho sugere não apenas que *deu* conta no passado, como que *dará* nas próximas vezes. Em vez de uma opinião subjetiva, baseada em uma pessoa ou experiência em particular, o presente sugere algo mais estável. Para além das pessoas e do tempo, é algo que sempre será verdade. Não apenas a experiência prévia de uma pessoa; outras terão uma experiência semelhante no futuro.

Isso está relacionado ao debate sobre substantivo e verbo no Capítulo 1. Em vez de dizer que alguém *corre*, dizer que é um *corredor* sugere algo mais fundamental: que há um grau de permanência ou estabilidade na atividade. E é possível expandir essa ideia ao uso do presente: comparado a dizer que algo *era* bom, dizer que *é* bom sugere que a característica é inerente ao objeto em questão.

Consequentemente, o emprego do presente amplia o impacto porque muda a visão do público a respeito do que é compartilhado. Em vez de uma opinião pessoal baseada em uma experiência limitada, o presente sugere que os comunicadores têm confiança suficiente para fazer uma afirmação geral sobre o estado do mundo. Não se trata apenas de como algo foi, mas de como é e de como será. Não é apenas minha crença ou julgamento, é uma verdade objetiva e universal.

E, se algo parece universal, provavelmente terá um impacto maior. Se a comida de um restaurante *era* boa ou um hotel *tinha* um bom atendimento, talvez valha a pena conferir.

Mas se a comida *é* boa ou o hotel *tem* um bom serviço, isso sugere que essas coisas são ainda melhores. Logo, os ouvintes ficarão mais convencidos a dar uma olhada.

Dito de outra forma, o uso do presente sugere que o locutor não tem apenas uma opinião, mas que está relativamente certo quanto àquilo.

Dizer aos pacientes que um tratamento *tem*, em vez de *teve*, uma taxa de sucesso de 90% ou que *reduz*, em vez de *reduziu*, o colesterol os torna mais dispostos a adotá-los. Dizer que uma dieta *ajuda*, em vez de *ajudou*, as pessoas a perder peso torna as pessoas interessadas mais propensas a experimentá-la. E dizer que um carro *é*, em vez de *foi*, o automóvel do ano da revista *MotorTrend* tende a deixar os consumidores mais interessados em comprá-lo.

Quer aumentar sua influência? Ao apresentar os resultados de um grande projeto, fale sobre o que você *vê*, e não sobre o que *viu*. Fale sobre como as pessoas *estão* fazendo algo, não sobre como *estavam* fazendo. Até dizer que a comida de um restaurante *é* excelente, em vez de *foi*, torna mais provável outras pessoas irem até lá.

Transformar pretérito em presente faz os outros ficarem mais propensos a ouvir o que temos a dizer.

SABER QUANDO EXPRESSAR DÚVIDA

Até aqui, falamos sobre diferentes maneiras de transmitir confiança, deixando de lado evasivas e hesitações, usando categóricos e transformando pretérito em presente. Mas, embora falar com poder possa nos fazer parecer mais seguros e aumentar a chance de as pessoas adotarem nossas sugestões, há algumas situações em que ser cauteloso é de fato mais eficaz.

O Dia de Ação de Graças é um momento especial nos Estados Unidos. Pessoas de todo o país se reúnem para passar um tempo com parentes e amigos, comer bem e agradecer por todas as coisas boas que aconteceram no ano que passou.

Mas, em meio a tradições, desfiles e perus assados, nos últimos tempos, o Dia de Ação de Graças tem sido acompanhado pela discórdia. Os norte-americanos estão mais polarizados politicamente do que nunca, e, apesar de muitas vezes estarmos rodeados de pessoas com as quais concordamos, encontrar a família significa sair dessa bolha. Ficar cara a cara com alguém de quem você discorda veementemente.

Muitas famílias combinam de não falar sobre política, mas sempre alguém traz o assunto à tona. Alguém perdeu o emprego, teve problemas para usufruir do seguro ou está preocupado com a economia, e as pessoas que eles culpam por esses problemas podem ser bem diferentes de quem nós achamos ser o culpado. Uma conversa educada pode rapidamente se transformar em um bate-boca acirrado.

Em vez de entrar em uma discussão aos berros com o maluco do tio Louie na sala, será que existe uma forma de ter uma conversa mais civilizada? E, talvez, até fazer o outro mudar ligeiramente de ideia?

Alguns anos atrás, pesquisadores da Universidade Carnegie Mellon recrutaram centenas de pessoas para debater temas controversos,[8] assuntos polarizadores como a legalização do aborto, o emprego de ações afirmativas no acesso ao ensino superior e a permanência legal, no país, de imigrantes sem documentos que cumprissem determinados requisitos. Questões sobre as quais pessoas têm pontos de vista muito distintos.

Foi pedido a alguns dos participantes que escrevessem mensagens convincentes que persuadissem outros indivíduos a mudarem de ideia. No caso do aborto, por exemplo, um participante contrário à legalização escreveu que diversos "fatores podem pressionar uma mulher a fazer um aborto", e que "um aborto é provavelmente uma das decisões mais sérias que uma pessoa pode tomar, porque envolve tirar uma vida".

Outras pessoas foram convidadas apenas como ouvintes. Depois de informar suas posturas preexistentes em relação a várias questões (por exemplo, se eram contra ou a favor da legalização do aborto), elas leram uma mensagem persuasiva que outra pessoa havia escrito e observaram se aquilo as havia feito mudar de ideia.

É importante ressaltar que, antes de ler o apelo persuasivo, alguns participantes leram uma breve nota em que o suposto persuasor expressava dúvidas sobre a própria opinião. Na nota, o autor dizia que, embora acreditasse ter refletido cuidadosamente sobre o assunto, não estava completamente convencido de que tinha razão.

Se a certeza é sempre convincente, tal expressão de dúvida deveria reduzir o poder de influência. Afinal, é difícil sermos persuadidos de algo se o outro lado não tem convicção.

Mas, nesse contexto, descobriu-se que ocorreu justamente o oposto. Expressar dúvida sobre uma questão controversa aumentou o poder de persuasão. Entre as pessoas que já tinham crenças fortes, ouvir alguém dizer que não tinha certeza sobre a própria opinião as estimulou a seguir o mesmo caminho.

Ao tentar fazer as pessoas que discordam de nós mudarem de ideia, muitas vezes acreditamos que é melhor ser direto. Presumimos que basta expor os fatos e fornecer informações imparciais, e o outro lado vai abraçar nossa perspectiva.

Mas nem todo mundo vê os "fatos" da mesma forma. Principalmente quando as pessoas têm opiniões convictas sobre algum assunto, o raciocínio motivado muitas vezes as incentiva a evitar ou ignorar informações que ameacem ou contestem suas crenças.

Em consequência, ao tentar conquistar o outro lado, ser direto demais pode sair pela culatra, fazendo o interlocutor ficar ainda mais convencido da opinião inicial. Inclusive, em vez de serem convincentes, as mensagens persuasivas acabaram por levar uma boa parcela dos participantes do estudo a mudar de ideia no sentido oposto.

Em certo sentido, a persuasão pode ser dividida em duas etapas. A segunda é quando as pessoas analisam as opiniões de outra pessoa ou as informações por ela fornecidas e decidem se ajustam as próprias crenças. Mas, antes de chegar lá, elas precisam primeiro decidir o quão receptivas serão. Se devem ou não ouvir, antes de qualquer coisa.

As pessoas têm um "radar antipersuasão", um sistema de defesa que dispara quando alguém está tentando convencê-las. Quanto mais algo ou alguém discorda delas, menor é a probabilidade de que elas escutem. Assim, uma das razões pelas quais a mudança é tão difícil é que as pessoas não estão sequer dispostas a analisar informações que vão de encontro a suas crenças.

Como resultado, ao lidar com pontos de vista contrários, ser um pouco indireto pode ser mais eficaz. Em vez de começar pelas informações, comece estimulando as pessoas a serem mais abertas e receptivas.

É por isso que expressar dúvida pode ajudar. Mostrar que estamos em conflito ou incertos nos faz parecer menos ameaçadores. Expressar dúvidas sobre o próprio ponto de vista é admitir que as crenças conflitantes são válidas, fazendo com que o outro lado se sinta legitimado e mais disposto a ouvir. Isso sinaliza que a questão é complexa ou tem nuances, o que aumenta a receptividade.

A incerteza indica uma abertura a outras perspectivas.[9] Portanto, expressar dúvida pode ser mais persuasivo, especialmente quando as questões são controversas ou as pessoas estão entrincheiradas.

A cobertura científica da imprensa, por exemplo, muitas vezes trata resultados de pesquisas como mais verdadeiros do que realmente são. Matérias de primeira página falam que tomar café aumenta o risco de câncer de pâncreas ou que curtos períodos de exercício são mais eficazes do que períodos mais extensos. Embora alegações como essas rendam ótimas manchetes, elas geralmente são seguidas por artigos que afirmam justamente o oposto, publicados meses ou anos depois. Isso não só deixa o público confuso, como reduz a confiança na própria ciência.

Embora algumas pessoas digam que as evasivas reduziriam a credibilidade de cientistas e jornalistas, esse não é o caso. Informar ou admitir as limitações do estudo, na verdade, leva os leitores a ver cientistas e jornalistas como mais confiáveis.[10]

Quando as pessoas sabem que algo é impreciso, fingir que não é pode ir de mal a pior. Soa como excesso de confiança ou delírio, e prejudica nossa capacidade de persuasão.

Portanto, em situações assim, a melhor atitude pode ser expressar dúvida. Transformar afirmações em perguntas, por exemplo, é uma ótima forma de obter feedback. Mostra que, em vez de sermos dogmáticos, estamos abertos e pedimos ativamente as opiniões ou a participação de terceiros no processo. Claro, temos uma opinião, mas também estamos interessados em ouvir o que os outros têm a dizer.

O mesmo vale para evasivas e outras formas de expressão hesitantes. Palavras como "talvez", "poderia" e "possivelmente" são, sem dúvida, um pouco vagas e ambíguas. Analistas de inteligência, por exemplo, são estimulados a evitar tais termos em seus relatórios, porque podem gerar interpretações equivocadas.

No entanto, apesar de essas palavras sugerirem que algo é incerto, essa incerteza nem sempre é algo ruim, principalmente quando queremos ter cuidado e não ir além do que sabemos com precisão. Dizer que os resultados do estudo *sugerem*, em vez de *comprovam*, que X provoca Y, indica que pode existir uma relação, mas que ela não está 100% confirmada. Contanto que esse seja o objetivo, a linguagem da incerteza pode ser bastante eficaz à comunicação.

Fazendo mágica

Palavras fazem mais do que apenas transmitir fatos e opiniões. Elas sinalizam o quanto os comunicadores confiam nos fatos e nas opiniões que expressam. Consequentemente, as palavras influenciam a forma como somos vistos e o impacto do que falamos.

Quer ser percebido de forma positiva? Aumentar seu impacto?

1. **Deixe de lado as evasivas.** Quando o objetivo é transmitir confiança, evite palavras e expressões como "talvez", "poderia" e "na minha opinião", que sugerem que tanto a mensagem quanto o mensageiro são incertos.
2. **Use categóricos.** Em vez de evasivas, use categóricos. Palavras como "indiscutivelmente", "visivelmente" e "obviamente", que sugerem que o enunciado não é uma mera opinião: é uma verdade irrefutável.
3. **Não hesite.** "Hums" e "ahns" são parte natural do discurso, mas o excesso deles pode minar a confiança das pessoas em nós e em nossa mensagem. Portanto, elimine os preenchimentos. Para reduzir a hesitação, ensaie de antemão o que vai dizer ou faça uma pausa para pôr as ideias em ordem quando necessário.
4. **Transforme pretérito em presente.** Usar o tempo presente pode transmitir confiança e aumentar o poder persuasivo. Portanto, para sinalizar certeza, em vez de usar o pretérito ("*adorei* esse livro"), use o presente ("*adoro* esse livro").

5. **Saiba quando expressar dúvida.** Embora imprimir segurança seja muitas vezes benéfico, se quisermos mostrar que temos a mente aberta, que somos receptivos a pontos de vista opostos ou que estamos cientes das nuances, expressar dúvida pode ajudar.

Ao empregar a linguagem da confiança, podemos sinalizar nossa experiência, mostrar nossa abertura a pontos de vista opostos e incentivar outras pessoas a concordar com o que estamos sugerindo.

Até aqui, falamos sobre dois tipos de palavras mágicas. Palavras que ativam a identidade e a autonomia, e palavras que transmitem confiança. A seguir, vamos abordar um terceiro tipo de palavras mágicas: aquelas que nos ajudam a fazer as perguntas certas.

3

Faça as perguntas certas

Quando há uma tarefa complicada no trabalho que parece impossível de resolver ou um projeto do tipo "faça você mesmo" que se mostra mais difícil do que o esperado, existem várias maneiras de acabar com o impasse. Podemos pesquisar na internet, fazer um *brainstorm* de abordagens alternativas ou usar o método de tentativa e erro, na esperança de chegar à resposta certa.

No entanto, existe uma solução específica que muitas vezes tentamos evitar: pedir conselhos. Poderíamos perguntar a um colega de trabalho ou ligar para um amigo em busca de ajuda, mas não costumamos fazê-lo. Não queremos incomodar e, de qualquer jeito, nem sabemos se eles vão poder ajudar. E, mesmo que possam, temos medo de sermos malvistos. Achamos que pedir conselhos nos fará parecer incompetentes, então descartamos essa hipótese.

Será que essa ideia está equivocada?

Em 2015, alguns de meus colegas da Wharton School e um cientista comportamental de Harvard pediram às pessoas que respondessem a uma série de perguntas.[1] Havia algumas fáceis, como "Quem foi o primeiro presidente dos Estados Unidos?" (R: George Washington) e outras extremamente difíceis, como "O que significa *sesquipedal*?" (R: Que usa palavras muito compridas).

Os participantes foram informados de que os cientistas estavam interessados em como a comunicação molda a resolução de problemas, e, portanto, a cada um seria atribuído um parceiro anônimo, com quem devia se comunicar durante o estudo. Eles foram avisados de que primeiro responderiam a algumas perguntas e de que seu parceiro as responderia na sequência.

Depois de responder ao primeiro conjunto de perguntas, os participantes foram informados de que haviam se saído bem (acertado sete em dez), mas que seu parceiro não havia se saído tão bem (apenas seis acertos em dez). A seguir, eles receberam uma mensagem do parceiro. Para alguns, a nota era apenas uma simples saudação ("Oi!") ou algumas palavras de solidariedade ("Oi! Estamos juntos nessa."), mas, para outros, havia uma pergunta ao final: "Oi! Você tem algum conselho?".

Na verdade, não havia "parceiro" algum. Os cientistas estavam interessados em como as pessoas são vistas quando pedem conselhos. Se, comparado a um mero bate-papo, pedir conselhos levaria alguém a ser visto de forma mais positiva ou negativa. Portanto, eles atribuíram aos participantes um parceiro simulado por computador, para ver como as falas do "parceiro" moldava a forma como eram percebidos.

Depois de receber a mensagem, os participantes o avaliaram em vários aspectos, o quanto achavam que seu parceiro era capacitado, qualificado e habilidoso.

Se pedir conselhos fizesse as pessoas parecerem menos competentes, os participantes deveriam formar uma má impressão dos parceiros que os pediram. Isso deveria tê-los feito parecer dependentes ou inferiores.

Mas aconteceu o contrário.

Quando os cientistas analisaram os resultados, descobriram que pedir conselhos fazia as pessoas acharem que seu parceiro era *mais* competente, não menos. E o motivo tem tudo a ver com como as pessoas se sentem quando alguém pede conselhos a elas.

Elas gostam de se sentir inteligentes. Apreciam sentir que os outros as consideram sábias ou que têm coisas valiosas a dizer.

Então, pedir conselhos pode *nos* fazer parecer inteligentes, porque acaricia o ego da pessoa a quem recorremos. Em vez de achar que somos incapazes ou estúpidos, quem ouve o pedido chega a uma conclusão bem diferente: "É claro que minhas opiniões são valiosas, portanto essa pessoa é inteligente por pedi-las".

Em certo sentido, pedir conselho é quase como bajular. Quando queremos que as pessoas gostem de nós, muitas vezes tentamos elogiá-las.

Mas, apesar disso, elas nem sempre confiam em quem as está bajulando. São espertas o suficiente para perceber que a bajulação esconde segundas intenções, fazendo com que essa atitude acabe sendo um tiro no pé. Além disso, essa estratégia possui limitações como qualquer outra: pedir conselhos às pessoas sobre algo que elas não sabem ou sobre coisas que alguém deveria conseguir resolver sozinho pode ter um efeito adverso.

Comparado à bajulação, pedir conselhos é mais eficaz porque é menos explícito. Em vez de dizer a uma pessoa que ela é incrível, pedir conselhos *demonstra* que você a tem em alta conta. Que você acha que elas são astutas e que valoriza a opinião delas.

Consequentemente, pedir conselhos não apenas proporciona insights valiosos, como também faz com que a pessoa que os pede pareça mais competente. Faz com que os conselheiros se sintam mais inteligentes e autoconfiantes, o que faz com que enxerguem os que estão pedindo ajuda de forma mais positiva.

AS VANTAGENS DE PERGUNTAR

Pedir conselho é apenas um exemplo de uma categoria linguística muito mais ampla: perguntar.

Seja no trabalho ou em casa, estamos constantemente fazendo (e respondendo a) perguntas. De qual solução você mais gosta? Quanto vai custar? Você pode buscar as crianças depois do treino? De acordo com algumas estimativas, as pessoas fazem (e respondem) centenas de questões por dia.

As perguntas servem a uma miríade de funções. Claro, elas são utilizadas para obtermos informações ou satisfazer a curiosidade, mas também afetam a forma como o autor da pergunta é visto, o rumo da conversa e a conexão social entre os interlocutores.

Em qualquer interação social, porém, há um número aparentemente infinito de perguntas que podem ser feitas. Podemos perguntar sobre a profissão de alguém, seus interesses, ou até o que comeram no café da manhã.

E, embora algumas perguntas estimulem a conexão social ou façam com que o autor da pergunta fique bem na foto, outras são menos benéficas. Se fizermos uma pergunta constrangedora ou intrometida, por exemplo, o outro pode não querer voltar a falar conosco.

Então, será que determinadas perguntas são mais eficazes do que outras? Como saber o tipo certo de pergunta a ser feito?

Quatro estratégias para fazer perguntas melhores são: (1) acompanhamento, (2) esquivar-se das dificuldades, (3) evitar suposições e (4) partir de um lugar seguro.

ACOMPANHAMENTO

Quando se trata de interações interpessoais bem-sucedidas, diz a sabedoria que tudo se resume a personalidade e aparência. Algumas pessoas são mais engraçadas, mais carismáticas ou mais atraentes que outras, e essas qualidades as tornam naturalmente mais afáveis.

Outra explicação comum é que a semelhança interpessoal é fundamental. Já dizia a Bíblia, "Diga-me com quem andas e te direi quem és", e pessoas com interesses em comum podem ter mais sobre o que falar ou coisas melhores a dizer.

Mas, embora esses fatores sem dúvida desempenhem um papel, são também um tanto desalentadores. Porque não há muito que possamos fazer para mudá-los. Nossa altura é fixa, é difícil mudar a personalidade de alguém, e, embora possamos aprender sobre *blockchain*, estoicismo ou qualquer outro assunto para tentar nos adaptar a um determinado grupo, não é das coisas mais fáceis.

Então isso significa que os menos atraentes e menos charmosos estão fadados ao fracasso? Ou será que existe uma alternativa?

Para descobrir o que molda a primeira impressão, pesquisadores de Stanford e da Universidade da Califórnia em Santa Bárbara analisaram milhares de primeiros encontros.[2] Eles coletaram dados demográficos como idade, altura e peso e outras características como hobbies e interesses. Além disso, registraram a própria interação. Usando microfones, gravaram o que ambas as pessoas falaram durante o encontro.

Sem surpresa alguma, a aparência desempenhou um papel importante. As mulheres, por exemplo, se sentiam particularmente atraídas por homens mais altos que a média. A semelhança também importava. As pessoas ficaram mais interessadas em ter um segundo encontro com uma pessoa que tivesse interesses e hobbies semelhantes.

Para além desses aspectos mais fixos, porém, as palavras usadas tiveram um impacto significativo. Fazer perguntas proporcionou uma primeira impressão melhor. Isso as fez sentirem que havia uma conexão e as deixou mais interessadas em marcar um segundo encontro.[3]

Constatações semelhantes foram feitas em uma série de domínios. Em conversas preliminares entre desconhecidos, por exemplo, as pessoas que faziam mais perguntas eram vistas como mais simpáticas e divertidas para passar o tempo. E, nas interações médicas, os pacientes ficavam mais satisfeitos quando os médicos faziam mais perguntas sobre suas vidas e experiências.[4]

Mas, quando os pesquisadores olharam mais a fundo, descobriram que certos tipos de pergunta traziam mais benefícios.

Como sugere o estudo sobre os conselhos, fazer perguntas pode sinalizar que estamos interessados nos pontos de vista de alguém. Que nos importamos com eles e suas perspectivas a ponto de querermos saber mais. Da mesma forma, ao sair para um encontro ou ter uma conversa normal do dia a dia, fazer perguntas sugere que, em vez de apenas falar sobre nós mesmos, estamos interessados em nosso interlocutor e no que ele tem a dizer.

Logo, o grau de benefício de diferentes questões depende, em parte, do quanto elas sinalizam cuidado e interesse.

Perguntas introdutórias, como "Como você está?", são parte automática do diálogo cotidiano. Por conseguinte, é difícil saber se alguém está mesmo interessado ou apenas sendo educado.

As chamadas perguntas-espelho (aquelas que repetem o que foi perguntado) têm efeito parecido. Quando alguém pergunta "O que você comeu no almoço?", muitas vezes respondemos com algo como "Um sanduíche, e você?". Comparado a apenas responder à pergunta ("Um sanduíche."), retornar a pergunta denota algum interesse. Indica que, em vez de estarmos totalmente focados em nós mesmos, estamos interessados ou atentos o suficiente para retribuir a gentileza. Mas, como responder à mesma indagação exige pouco esforço, é menos provável que traga benefícios interpessoais. A exemplo da questão introdutória, não fica claro se estamos realmente interessados ou apenas sendo educados.

Outros tipos de pergunta podem até ser prejudiciais. Se alguém diz: "Vou passar uma semana de férias na serra", uma pergunta como "Qual é o seu filme preferido?" é um *non sequitur*. Não tem relação com o que a primeira pessoa disse e não dá seguimento ao que estava sendo falado. Em vez de indicar carinho e interesse, sugere justamente o oposto: a pessoa ou não estava ouvindo, ou estava tão entediada ou desinteressada que mudou de assunto. Não surpreende que isso não leve o autor a ser visto de forma positiva, e pode até ser pior do que não fazer pergunta alguma.

Em vez disso, um tipo melhor de pergunta a ser feito é aquele que dá continuidade ao que acabou de ser dito. Se uma pessoa diz que é *gourmand*, por exemplo, pergunte o tipo de comida de que ela gosta. Se diz que está preocupada com o fato de um novo projeto não estar dando certo, pergunte por que ela acha isso. E se alguém diz que mal pode esperar pelo fim de semana, pergunte quais são os planos.

As questões de acompanhamento incentivam os parceiros de conversa a se aprofundarem. A falar mais, dar mais detalhes ou acrescentar mais texturas.

E seja conversando com amigos ou desconhecidos, clientes ou colegas, as pessoas que fazem perguntas de acompanhamento são vistas de modo mais positivo. Quando os pesquisadores analisaram as conversas dos encontros, descobriram que as perguntas de acompanhamento haviam sido profícuas em gerar uma impressão positiva. As pessoas que fizeram mais delas eram mais propensas a serem chamadas para um segundo encontro.

O acompanhamento funciona porque indica capacidade de resposta. Em vez de apenas ser educado ou fazer questionamentos para mudar de assunto, as perguntas de acompanhamento demonstram que alguém ouviu, entendeu e quer saber mais. Quer que alguém goste de você? Quer demonstrar que ouviu e se importa?

Não basta fazer perguntas, é preciso fazer as perguntas *certas*.

Perguntas de acompanhamento mostram que estamos conectados. Que estamos interessados na conversa, acompanhando o que o outro disse, e temos vontade de saber mais. Que damos valor o suficiente ao outro para ouvir o que ele estava dizendo e pedir mais.

ESQUIVE-SE DAS DIFICULDADES

Perguntas de acompanhamento são úteis, mas, dependendo da situação, outros tipos de pergunta também podem ser.

Imagine uma entrevista de emprego para a qual está animado. Você está em busca de um novo desafio, e essa parece ser a oportunidade perfeita. Empresa forte, ótimo cargo e oportunidades claras de crescimento.

A entrevista começa bem, e o entrevistador parece gostar muito de você, até que surge o primeiro obstáculo. Depois de perguntar sobre suas experiências e as habilidades que você traria, o entrevistador pergunta quanto você ganhava no emprego anterior.

Perguntas difíceis como essa aparecem o tempo todo. Ao negociar, os compradores em potencial ouvem perguntas sobre o quanto estão dispostos a gastar. Na venda de um carro, os vendedores são frequentemente questionados sobre o histórico de reparos do veículo. E, em entrevistas de emprego, os candidatos costumam ouvir perguntas sobre por que deixaram o último emprego, se têm outras ofertas ou até quando planejam ter filhos.

São situações terríveis. Não apenas desconfortáveis como, em alguns casos, ilegais, mas muitas vezes parece que não há saída. Nosso primeiro instinto é responder honestamente. Dizer a verdade, de forma direta e sem reservas.

Fazer isso, no entanto, muitas vezes, cobra um preço. No caso das negociações, quem divulga informações privadas pode ser explorado por sua contraparte. Da mesma forma, em entrevistas de emprego, alguém que conta a verdade sobre a remuneração anterior, o motivo da saída ou a intenção de ter filhos pode receber uma oferta mais baixa ou ser preterido para o cargo.

E, embora responder honestamente muitas vezes nos coloque em desvantagem, as alternativas não são muito melhores.

Recusar-se a responder também é problemático. Não surpreende que ninguém goste de pessoas que se negam a isso. Ainda que possamos nos recusar a responder na tentativa de manter em sigilo informações confidenciais, a ausência de resposta geralmente revela mais do que gostaríamos. Se alguém nos pergunta por que deixamos nosso último emprego, dizer que preferimos não responder sugere que há informações negativas que estamos tentando encobrir.

Mentir também está longe do ideal. Podemos tentar omitir informações relevantes ou contar uma mentira deslavada, mas isso não só é desonesto, como também tem consequências negativas se for descoberto.

Em suma, na hora de responder a perguntas diretas e difíceis, muitas vezes parece que não há uma boa opção.

Alguns dos meus colegas na Wharton School se perguntaram se não haveria uma forma melhor de dar uma resposta.[5] Assim, em 2019, eles recrutaram centenas de adultos e os convidaram a participar de um experimento sobre negociação.

Um grupo de participantes foi convidado a imaginar que era dono de uma galeria de arte que estava tentando vender uma pintura chamada *Corações na primavera*. Eles foram informados de que haviam comprado a pintura por sete mil dólares e de que ela fazia parte de uma série de quatro pinturas chamada *Corações*, feitas pelo mesmo artista.

Eles também foram informados de que o valor que os potenciais compradores estariam dispostos a pagar pela obra dependeria do fato de terem ou não outras pinturas da série. Aqueles que não tivessem nenhum quadro da série estariam dispostos a pagar apenas cerca de sete mil dólares, mas os que já possuíam outras pinturas e queriam completar o conjunto estariam dispostos a pagar o dobro. Formaram-se, então, duplas entre os participantes nos papéis de comprador e vendedor, para que a venda fosse negociada.

Cada conversa evoluiu de uma forma, mas, dada a relevância para a negociação, os participantes inevitavelmente perguntavam aos potenciais compradores se eles tinham outras pinturas da série. E era aí que começava a parte principal do experimento. Para examinar o impacto de diferentes respostas a perguntas difíceis, os pesquisadores manipularam a forma como os compradores (que eram, na verdade, assistentes de pesquisa) responderam a essa pergunta direta.

Com alguns participantes, o comprador foi honesto. Eles disseram que possuíam outras pinturas da série *Corações*, o que sugeria que estariam dispostos a pagar mais pela obra.

A outros, no entanto, o comprador se recusou a responder. Em vez disso, eles disseram que não estavam dispostos a falar sobre a coleção deles naquele momento.

Não é surpresa que, apesar de a honestidade ter funcionado bem nas relações interpessoais, tenha sido terrível do ponto de vista econômico. As pessoas gostaram muito dos que responderam honestamente e disseram que confiavam neles, mas também arrancaram todo o dinheiro deles, cobrando o preço mais alto possível pela pintura.

Por outro lado, recusar-se a responder funcionou bem economicamente, mas foi prejudicial em termos interpessoais. Enquanto os que não responderam conseguiram obter a pintura por um preço mais baixo, seus interlocutores não confiaram neles, e acharam que era duas vezes mais provável que estivessem escondendo alguma coisa.

No entanto, os pesquisadores também testaram uma terceira estratégia, muito mais eficaz. Em vez de dar as informações ou se recusar a responder, um dos grupos fez algo diferente: eles se esquivaram. Em vez de revelar que possuíam outra pintura da série ou dizer que não queriam responder, eles responderam perguntando coisas como "Quando essas outras pinturas foram feitas?" ou "Elas também estão à venda?".

Eles responderam a uma pergunta difícil com outra igualmente relevante.

É difícil confiar em pessoas que parecem estar escondendo algo. Em consequência, recusar-se explicitamente a dar uma resposta, mesmo que indevida, pode ter consequências negativas.

Mas, embora ocultar informações seja visto com reprovação, buscar informações não é. Na verdade, é o oposto. Demonstrar curiosidade em uma entrevista de emprego, por exemplo, pode ser uma ótima forma de mostrar interesse pelo cargo ou pela empresa. Da mesma forma, conforme o estudo sobre os conselhos, as pessoas adoram quando alguém pede a opinião delas.

Dessa maneira, responder com uma pergunta relevante é uma virada de mesa. Em vez de parecermos evasivos, soamos interessados e envolvidos. Em vez de soarmos desagradáveis e indignos de confiança, faz parecer que nos importamos e queremos saber mais.

E essas perguntas fazem tudo isso ao mesmo tempo que desviam a atenção. Porque, além de parecer evasivo, o maior problema em se recusar a responder é que não muda o foco da conversa. O autor da pergunta ainda está à espera de uma resposta, e, em última instância, a recusa faz com que ela pareça ainda mais importante. Quando um réu evoca o seu direito de permanecer calado, isso só faz com que ele pareça ainda mais culpado.

Perguntas, porém, são como holofotes: elas chamam a atenção para um determinado assunto ou informação. Assim, ao responder a uma pergunta difícil com outra igualmente relevante, tiramos o holofote de cima de nós e o apontamos para outra coisa.

Se um entrevistador pergunta a uma candidata a emprego quando ela planeja ter filhos, responder com "Você tem filhos?" muda o rumo da conversa. Transfere o foco dela para a vida pessoal do entrevistador.

Se o entrevistador tiver filhos, a conversa pode passar a falar sobre eles (o que provavelmente fará com que o entrevistador sinta ternura) e, se não tiver, ambos podem se lamentar sobre o quanto filhos dão trabalho. Durante todo esse tempo, o entrevistado pode se abster de responder à primeira pergunta, indevidamente intrometida.

Os pesquisadores de fato concluíram que a esquiva é a melhor forma de reagir a perguntas diretas difíceis. Ela permitiu que os participantes conseguissem um acordo melhor na negociação (comprando a pintura a um preço mais baixo) em comparação à resposta honesta, ao mesmo tempo que foram vistos como mais confiáveis e agradáveis do que os que se recusaram a responder.

Esquivar-se funciona em uma série de situações difíceis. Nas negociações, por exemplo, quando questionados sobre qual o valor mais alto que estamos dispostos a pagar, podemos responder perguntando "Você tem algum valor em mente?", ou, quando nos perguntam em uma entrevista qual era o salário em nosso emprego anterior, podemos responder perguntando: "Você pode dar mais detalhes sobre a faixa salarial desse cargo?".

Esquivar-se funciona até quando, em vez de manter as informações em sigilo, estamos apenas tentando proteger os sentimentos de quem pergunta. Se a resposta for "não" quando alguém quer saber se foi bem-sucedido em uma apresentação ou se uma roupa lhe cai bem, a esquiva pode nos ajudar a amortecer o impacto. Perguntas como "Como você acha que se saiu?" ou "Interessante, onde posso comprar algo parecido?" evita comentários negativos desnecessários e nos permite pensar se vale a pena contar ao outro a verdade de maneira gentil ou apenas deixar para lá.

Como em muitas estratégias de que falamos, porém, é importante saber se esquivar da maneira certa. Esquivar-se não é só responder a uma pergunta com outra. Para que funcione, é preciso que você se mantenha próximo ao assunto em pauta. Se um entrevistador pergunta sobre o salário em nosso último emprego, por exemplo, perguntar o que ele comeu no café da manhã parece evasivo. Como se estivéssemos fugindo da pergunta.

O segredo é fazer uma pergunta relacionada que demonstre interesse, que sinalize que estamos buscando, e não escondendo, informações relevantes.

EVITE SUPOSIÇÕES

Esquivar-se é útil quando alguém nos faz uma pergunta difícil, mas fazer as perguntas certas também aumenta nossa capacidade de descobrir a verdade.

Muitas vezes estamos tentando obter informações de outras pessoas. Queremos saber os pontos positivos e negativos de um bairro, as boas e más notícias sobre um carro usado, ou quais podem ser os pontos fortes e fracos de um candidato a emprego.

Infelizmente, as motivações dos outros nem sempre são iguais às nossas. Corretores de imóveis, por exemplo, têm motivos para falar sobre ótimas escolas e ruas bem-cuidadas, mas omitem os pesados impostos e as restritivas leis de zoneamento. Os vendedores de carros usados têm motivos para destacar itens que foram consertados recentemente e omitir os que não foram. E candidatos a emprego têm motivos para falar sobre uma promoção recente (porque aumenta a chance de serem contratados), mas não sobre a vez em que foram demitidos por usar redes sociais durante o horário de trabalho (porque não aumenta).

Como podemos estimular as pessoas a divulgar informações negativas, mesmo que isso as coloque em desvantagem?

A resposta mais simples parece ser perguntar. Perguntar ao candidato a emprego se ele já foi demitido ou ao corretor de imóveis se o bairro tem algum ponto negativo. No entanto, a *forma* como fazemos perguntas delicadas como essas tem grande impacto sobre nosso potencial de descobrir a verdade.

Para examinar a maneira correta de fazer perguntas delicadas, pesquisadores convidaram algumas centenas de pessoas para negociar a venda de um iPod usado.[6] Eles foram instruídos a imaginar que tinham ganhado o iPod como presente de aniversário e o adoravam, mas tinham decidido comprar um iPhone e, como ele tinha os mesmos recursos e muito mais, não precisavam mais do iPod.

Felizmente, o aparelho estava em ótimas condições. Havia sido mantido em uma capinha para evitar batidas ou arranhões e, em consequência disso, parecia novo. Também tinha um monte de músicas que o comprador poderia manter se quisesse.

A única questão era o fato de o iPod ter travado completamente duas vezes. A correção do problema exigiu restaurar os padrões de fábrica, o que excluiu todas as músicas armazenadas no dispositivo. Algumas horas foram perdidas cada vez que isso aconteceu, e não havia como dizer se, nem quando, poderia acontecer novamente.

Cada participante atuou em uma breve negociação online com um potencial comprador. Além de falar sobre algumas coisas gerais, o potencial comprador fez uma pergunta. Para alguns participantes, a pergunta era ampla ("O que você pode me dizer sobre o iPod?"). Para outros, foi feita uma pergunta mais direta. Especificamente, se tinha apresentado algum problema no passado ("O iPod não tem nenhum problema, tem?").

De maneira previsível, os vendedores tendiam a se concentrar nos aspectos positivos. Eles falaram sobre o quanto o iPod tinha de armazenamento, como estava em ótimo estado e a capinha protetora que o acompanhava. Como na maioria das trocas de informações estratégicas, eles enfatizaram os aspectos que os beneficiavam.

Inclusive, diante da pergunta geral "O que você pode me dizer sobre ele?", apenas 8% dos vendedores disseram ter havido um problema, com o iPod tendo travado no passado. Por mais que o mesmo pudesse acontecer novamente no futuro, quase ninguém apresentou a informação prejudicial, porque estavam cientes do impacto negativo sobre o valor que receberiam pelo dispositivo.

Fazer perguntas, por si só, claramente não bastava. E perguntar diretamente sobre os problemas? Ajudou?

Mais ou menos.

Se os compradores perguntassem diretamente sobre possíveis problemas ("O iPod não tem nenhum problema, tem?"), alguns vendedores eram relativamente transparentes. Cerca de 60% falaram a verdade e comentaram que o iPod tinha um histórico de instabilidades técnicas.

Mas, embora perguntar diretamente estimulasse alguns vendedores a divulgar informações negativas, quatro em cada dez ainda evitavam responder, de modo a criar uma impressão mais positiva, o que significa que os compradores acabaram pagando mais do que o devido pelo dispositivo em quase 40% das vezes.

Isso é um pouco desconcertante. Afinal, mesmo quando confrontados com o que parecia ser a pergunta mais direta possível, os vendedores ainda assim não deram uma resposta direta.

Talvez algumas pessoas simplesmente sejam desonestas. Qualquer que fosse a pergunta feita, elas encontrariam uma forma de evitar respondê-la. Mentirosos são mentirosos, e não há o que fazer.

Mas, ainda que isso possa ser verdade, um outro problema era a linguagem. Porque, ao mesmo tempo que uma pergunta como "Não tem nenhum problema, tem?" indaga sobre a existência de problemas, ela também faz uma suposição implícita. Que não existem problemas.

Como sugerem os estudos sobre encontros e sobre conselhos, as perguntas moldam a forma como somos vistos. Mas não apenas o quão inteligentes ou afáveis parecemos, como também as conclusões que os outros tiram sobre o nosso conhecimento e nossas intenções.

Perguntar algo como "O que você pode me dizer sobre o iPod?" faz com que seja mais fácil para os entrevistados se concentrarem no positivo. Afinal, não era uma pergunta direta sobre problemas, então não há razão para trazê-los à tona.

Mesmo uma pergunta mais direta ("Não tem nenhum problema, tem?") sugere que o comprador não dispõe de informações concretas sobre possíveis problemas, nem razões para acreditar que possa haver algum. Portanto, para o vendedor, omiti-los ainda parece seguro. Claro, isso é desonesto, mas, quando há um incentivo para ser excessivamente positivo e poucas chances de ser pego, as desvantagens parecem pequenas.

Então, estamos presos a ter pessoas mentindo para nós 40% das vezes? Não propriamente. Porque um terceiro tipo de pergunta aumentou muito a probabilidade de uma resposta mais elucidativa.

Mesmo sem perceber, perguntas como "Não tem nenhum problema, tem?" presumem que não há um. Ao mesmo tempo que indagam diretamente sobre problemas, comunicam a suposição do autor da pergunta de que eles não existem.

Em comparação com uma pergunta geral ("O que você pode me dizer sobre isso?"), essas perguntas sinalizam que o autor da pergunta está ciente de que pode haver problemas, mas também que não está muito interessado em se aprofundar neles. Ou por presumir que tais questões não existem, ou por ser avesso ao confronto e, portanto, pouco propenso a adotar uma postura assertiva de questionamento.

Mas outra forma de perguntar sobre potenciais imperfeições é inverter a suposição. Presumir que existem, em vez de que não existem.

Perguntas como "Que problemas ele tem?" fazem justamente isso. Em vez de presumir implicitamente que eles não existem, elas supõem que existe algum e quer lidar com eles.

Além disso, perguntas de suposição negativa sinalizam algo mais sobre o autor da pergunta. Em vez de não estar ciente dos problemas ou querer evitá-los, as perguntas de suposição negativa indicam que o autor sabe que pode haver imperfeições e é assertivo o suficiente para indagar sobre elas.

O que torna muito mais difícil responder de forma evasiva. Na prática, quando um terceiro grupo de compradores em potencial perguntou "Que problemas ele tem?", os vendedores foram muito mais diretos. Embora as perguntas de suposição positiva e negativa sejam feitas diretamente, as de suposição negativa fizeram os vendedores serem 50% mais propensos a confessar que poderia haver problemas. Mas seria normal cogitar se não haveria alguma penalidade interpessoal por fazer uma questão tão assertiva. Talvez a pessoa consiga a informação desejada, mas a pergunta prejudica sua imagem: insistente, irritante ou agressiva demais. Contudo, não parece ser o caso. Na prática, os indivíduos que fizeram essas perguntas não foram vistos de forma menos positiva do que os demais.

Perguntas não apenas pedem informações, mas também as revelam. Revelam informações sobre nosso conhecimento, nossas suposições e até sobre nosso grau de assertividade.

Consequentemente, as que fazemos não apenas moldam a forma como somos percebidos, como também o grau de veracidade das respostas que recebemos. Claro, alguns subconjuntos de pessoas podem mentir apesar disso ou fazer o possível para serem evasivos, mas é muito menos provável que o façam quando acreditam que podem ser pegas.

E a importância de fazer perguntas desse tipo vai muito além de se proteger de mentiras.

Médicos atendem pacientes um atrás do outro o dia inteiro. O tempo é um fator de pressão, e eles precisam ser ágeis, então fazem perguntas que ajudam nesse sentido. "Você não fuma, certo?", eles podem perguntar a alguém que está fazendo o exame anual, ou "Você está fazendo exercícios com regularidade, certo?". Questionamentos como esses os ajudam a analisar os pacientes com rapidez.

Mas, ao fazer perguntas que presumem a ausência de um problema, eles estimulam involuntariamente um tipo específico de resposta. Se um paciente fuma ou não se exercita tanto quanto deveria, ele vai realmente contradizer o médico? Afinal, o médico tornou tão fácil dizer apenas "não" ou "sim" que o caminho de menor resistência é fingir que não há problema algum.

Quanto mais aversão houver a revelar certas informações, mais importante se torna fazer perguntas que evitem suposições (positivas). Que evitem presumir a ausência de um problema. As pessoas sabem que o médico desaprova o fumo ou a falta de exercícios, então usam qualquer desculpa para não ter que trazer essas informações à tona.

Se estiverem fazendo uso abusivo de álcool ou drogas, a reticência para falar sobre isso será ainda maior.

O mesmo vale para tentar fazer o público falar. Ao fazer apresentações ou ensinar conceitos complexos, as pessoas dizem coisas como "Vocês não têm dúvida, têm?". Mas trocar isso por "Quais são as suas dúvidas?" incentiva mais pessoas a fazer um acompanhamento, caso não tenham entendido.

Em suma, embora sempre haja incentivos para relatar informações de modo seletivo, fazer as perguntas certas pode nos ajudar a chegar ao cerne da questão, a descobrir quaisquer aspectos negativos que possam existir e a levá-los em conta na nossa tomada de decisão.

Mas não basta ser direto. Temos que ser diretos de uma forma que não apenas mostre que estamos cientes de possíveis informações negativas, mas que também expresse que somos assertivos o suficiente para continuar procurando até encontrá-las.

Claro, um senhorio não tem motivação para revelar que os vizinhos fazem festanças, que há crianças barulhentas e um cachorro que late o dia todo. E fazer uma pergunta como "Como são os vizinhos?" não os incentiva a revelar essas informações. Em vez disso, temos que formular as perguntas da maneira certa (por exemplo, "Os antigos moradores reclamaram dos vizinhos alguma vez?"). Evite suposições (positivas), e as chances de obter uma resposta direta tornam-se muito maiores.

PARTA DE TERRENO SEGURO

Saber que perguntas fazer é uma habilidade valiosa. Nem toda pergunta é igualmente boa; algumas são mais eficazes do que outras.

Mas, além de *quais* perguntas fazer, determinados tipos de pergunta podem ser melhores em diferentes momentos de uma conversa.

No fim dos anos 1960, na Universidade da Califórnia em Berkeley, o estudante de pós-graduação Arthur Aron estava tentando encontrar um objeto de estudo. Ele estava fazendo mestrado em Psicologia Social e procurava algum tema que ainda não havia sido investigado a fundo. Algo que as pessoas achassem que não poderia ser estudado cientificamente, mas que ele encontraria uma forma de desvendar.

Naquela época, ele estava namorando uma colega de curso, Elaine Spaulding. Eles se apaixonaram, e, quando se beijaram, ele percebeu duas coisas. Primeiro, que ela era a pessoa com quem ele queria passar o resto da vida e, segundo, que o amor poderia ser o objeto de estudo perfeito. Mais de cinquenta anos depois, Arthur e Elaine ainda estão juntos. E fizeram algumas coisas incríveis. Viajaram pelo mundo, publicaram best-sellers e moraram por todo canto, de Paris e Toronto a Vancouver e Nova York.

Mas, ao longo dessa trajetória, o casal também mudou a forma como pensamos sobre relacionamentos interpessoais. De amizades e parceiros românticos a desconhecidos que se encontram pela primeira vez.

A pesquisa deles se debruça sobre a forma como as pessoas formam e mantêm conexões, e o papel que esses vínculos desempenham no crescimento e no desenvolvimento pessoais. Eles estudaram como fazer coisas novas ou emocionantes com um parceiro melhora o relacionamento, como as amizades entre grupos podem reduzir o preconceito, e os mecanismos neurais subjacentes à euforia do amor romântico intenso. (*Spoiler*: são os mesmos que respondem à cocaína.)

Algumas das pesquisas pelas quais eles são mais famosos, no entanto, são aquelas sobre como aproximar as pessoas. Relacionamentos fortes são vitais. Conexões sociais não apenas nos dão alguém com quem conversar, mas também nos ajudam a viver vidas mais felizes e saudáveis. A qualidade do relacionamento é um indicador maior de felicidade do que a riqueza ou o sucesso, e é um importante sinal de saúde. Dezenas de estudos descobriram que as pessoas que têm forte apoio social da família, de amigos ou da comunidade têm índices mais baixos de ansiedade e depressão, maior autoestima e vidas mais longas.

Mas, embora os benefícios da proximidade interpessoal sejam claros, tais relacionamentos geralmente demoram um pouco para florescer. Muitas vezes, são necessárias várias interações até que colegas se tornem amigos, e vários encontros, ao longo de semanas e meses, para começar a construir um relacionamento romântico forte.

Além disso, desenvolver relacionamentos fortes pode ser um desafio. Digamos que você queira fazer amizade com alguém no ambiente de trabalho ou aprofundar um relacionamento com um conhecido. Você pode tentar esbarrar com ele ou encontrar uma desculpa para convidá-lo para tomar um café, mas, muitas vezes, é difícil saber exatamente o que dizer.

O casal Aron se perguntou se não haveria uma forma mais eficaz. Um processo infalível, passo a passo, que faria duas pessoas se sentirem mais próximas. Uma técnica que amigos, potenciais parceiros românticos e até estranhos que tenham acabado de se conhecer possam adotar e, em menos de uma hora, colher os benefícios.

Isso parece difícil. Impossível, até. Afinal, confiança e intimidade não são construídas da noite para o dia.

E, no entanto, contrariando todas as probabilidades, às vezes, conexões sociais se formam e florescem. Estranhos calham de se sentar lado a lado em um voo e, quando saem do avião, são melhores amigos. Colegas que não se conheciam ou até não gostavam um do outro formam uma dupla em um evento de formação de equipe e se tornam inseparáveis depois disso.

No fim dos anos 1990, o casal Aron desenvolveu e testou uma abordagem para estimular a formação e o fortalecimento de laços sociais. Uma técnica para criar proximidade com qualquer pessoa, a qualquer hora, em qualquer lugar.

E essa abordagem, em sua essência, depende de fazer as perguntas certas. Duas pessoas são convidadas a ler e debater três conjuntos de questões.

O primeiro começa de forma simples: "Dentre todas as pessoas do mundo, quem você gostaria de convidar para jantar?". Um integrante da dupla responde à pergunta, e o outro faz o mesmo.

Então eles passam para a pergunta seguinte: "Você gostaria de ser famoso? Pelo quê?". Os dois respondem, e então eles fazem a terceira: "Antes de fazer um telefonema, você ensaia o que vai dizer? Por quê?".

Os parceiros se revezam para ler as perguntas e respondê-las, e têm quinze minutos para responder ao máximo de perguntas possível.

PRIMEIRO CONJUNTO DE PERGUNTAS

1. Dentre todas as pessoas do mundo, quem você gostaria de convidar para jantar?
2. Você gostaria de ser famoso? Pelo quê?
3. Antes de fazer um telefonema, você ensaia o que vai dizer? Por quê?
4. O que constituiria um dia "perfeito" para você?
5. Qual foi a última vez que você cantou sozinho? E para outra pessoa?
6. Se você pudesse viver até os noventa anos e, nos últimos sessenta anos, precisasse escolher entre ter a mente ou o corpo de uma pessoa de trinta, qual dos dois você escolheria?
7. Você tem um palpite secreto sobre como vai morrer?
8. Quais são as três coisas que você e seu parceiro parecem ter em comum?
9. Pelo que você se sente mais grato na vida?

10. Se você pudesse mudar alguma coisa na forma como foi criado, o que seria?
11. Qual é sua história de vida? Tire quatro minutos para contá-la a seu parceiro com o máximo de detalhes possível.
12. Se você pudesse acordar amanhã tendo adquirido qualquer qualidade ou habilidade, qual seria?

Passados quinze minutos, os parceiros passam para o segundo conjunto. Como antes, eles se revezam lendo-as e respondendo-as, completando o máximo que puderem ou quiserem em quinze minutos.

SEGUNDO CONJUNTO DE PERGUNTAS

1. Se uma bola de cristal pudesse dizer a verdade sobre você, sua vida, o futuro ou qualquer outra coisa, o que você gostaria de saber?
2. Existe algo que você sonha em fazer há muito tempo? Por que ainda não o fez?
3. Qual é a maior realização de sua vida?
4. O que você mais valoriza em uma amizade?
5. Qual é sua memória mais preciosa?
6. Qual é sua memória mais terrível?
7. Se você soubesse que daqui a um ano morreria repentinamente, mudaria alguma coisa na maneira como está vivendo agora? Por quê?
8. O que significa amizade para você?
9. Que papéis o amor e o afeto desempenham em sua vida?
10. O que você considera uma característica positiva de seu parceiro? Cite um total de cinco itens.
11. O quão próxima e calorosa é sua família? Você acha que sua infância foi mais feliz do que a da maioria das pessoas?
12. Como você se sente em relação a seu relacionamento com sua mãe?

Passados quinze minutos, eles vão para o último conjunto de perguntas.

ÚLTIMO CONJUNTO DE PERGUNTAS

1. Que três afirmações factuais você consegue citar? Responda usando "nós" em cada uma delas. Por exemplo: "Nós dois estamos nesta sala sentindo...".
2. Como você completaria a frase: "Eu gostaria de ter alguém com quem pudesse compartilhar..."?
3. Se você deseja se tornar amigo de seu parceiro, o que seria importante que ele soubesse?
4. Do que você gosta em seu parceiro? Seja bastante honesto nesse momento, dizendo coisas que você jamais diria a alguém que acabou de conhecer.
5. Qual foi um momento constrangedor em sua vida?
6. Qual foi a última vez que você chorou na frente de outra pessoa? E sozinho?
7. Do que você já gosta em seu parceiro?
8. O que, caso haja, é sério demais para ser objeto de piada?
9. Se você morresse essa noite sem ter a oportunidade de se comunicar com ninguém, do que mais se arrependeria de nunca ter dito? Por que ainda não disse?
10. Sua casa, com tudo o que você possui dentro, pega fogo. Depois de salvar entes queridos e animais de estimação, você tem tempo para fazer uma corrida final, em segurança, para salvar uma coisa. O que seria? Por quê?
11. De todas as pessoas de sua família, qual morte seria a mais desconcertante? Por quê?
12. Compartilhe um problema pessoal. Que conselho você pediria a seu parceiro, levando em consideração como ele lidaria com isso?

Além disso, peça ao seu parceiro para refletir sobre como você parece estar se sentindo sobre o problema que apresentou.

O casal Aron realizou experimentos para ver se a abordagem funcionava.[7] Eles pediram a centenas de estranhos que tivessem conversas curtas, entre as quais algumas seguiram a estrutura das 36 perguntas. Então, ao fim da interação, os estranhos relataram quão próximos e conectados se sentiam ao parceiro de conversa.

Apenas uma interação de 45 minutos entre duas pessoas que não se conheciam. Bem longe das semanas e meses que geralmente leva para formar laços sociais.

E, ainda assim, essa interação, construída apenas à base de perguntas, teve um impacto enorme. Em comparação com os parceiros que se dedicaram apenas à conversa-fiada, aqueles que passaram pela intervenção se sentiram mais próximos e conectados. Em relação a seus outros relacionamentos, inclusive com amigos, familiares e demais, eles relataram sentir que o parceiro, alguém que haviam acabado de conhecer, estava em algum ponto intermediário em termos de intimidade.

Além disso, a abordagem funcionou bem independentemente de as pessoas terem ou não afinidades prévias. Mesmo em duplas com valores e predileções distintos ou tendências políticas diferentes, as perguntas ajudaram a tornar as pessoas mais próximas e conectadas.

Desde então, essa técnica, chamada Fast Friends, ajudou a criar laços emocionais entre milhares de desconhecidos. Arthur a emprega regularmente em suas palestras e em turmas de primeiro ano, para ajudar as pessoas a se conectarem. Ela foi aplicada para promover amizades entre pessoas de diferentes etnias e aplacar o preconceito.[8] Foi usada até para estimular a confiança e melhorar o entendimento entre policiais e moradores em cidades onde o grau de tensão é elevado.

Tão interessante quanto sua utilidade, no entanto, é o motivo de essas perguntas serem tão proveitosas, em primeiro lugar. Todas elas têm o mesmo potencial de promover conexão? E, em caso negativo, o que existe de tão impactante nessa sequência de perguntas? A primeira resposta é fácil. Não, nem todas as perguntas têm o mesmo potencial de conexão.

Os desconhecidos que entabularam uma conversa fiada normal, não orientada, também fizeram e responderam a perguntas (por exemplo, "Como você comemorou o último Halloween?", ou "O que você fez nas férias?"), mas não aumentaram a proximidade no mesmo grau.

Desenvolver relacionamentos íntimos geralmente envolve se abrir. Futuros amigos ou parceiros não partem de um ponto de intimidade. Eles começam trocando gentilezas, batendo papo, inventando assuntos.

Mas o que normalmente diferencia os relacionamentos que evoluem é a capacidade de ir além da conversa-fiada e chegar a algo mais profundo. Revelar coisas sobre si mesmo, aprender coisas sobre o outro e se conectar de verdade.

E perguntas podem ajudar. Não quaisquer perguntas, mas perguntas inquisitivas, que se aprofundam, como "Se você morresse essa noite sem ter a oportunidade de se comunicar com ninguém, do que se arrependeria de nunca ter dito? Por que ainda não disse?".

Não é um mero "Tudo bem?" nem uma pergunta educada sobre o que o outro vai fazer no fim de semana. São perguntas difíceis e instigantes, que impelem as pessoas a pensar, refletir e apresentar uma resposta elaborada.

São do tipo que encorajam as pessoas a se abrirem. Em vez de falar sobre o tempo ou algum outro tema superficial, essas questões se aprofundam. Elas promovem revelações e exposição, e incentivam as pessoas a expressar quem realmente são.

Uma solução intuitiva, então, seria pular a conversa-fiada. Deixar o bate-papo de lado e passar direto para as perguntas profundas e inquisitivas.

Mas eis aqui o problema. Imagine que um estranho que você conheceu há dois minutos perguntou o que você mais se arrependeria de não ter contado a alguém caso morresse. Como reagir? Você responderia alegremente à pergunta, revelando coisas sobre si, mesmo que tenha acabado de conhecer a pessoa?

Provavelmente, não.

Na verdade, inventaríamos uma desculpa para escapar da conversa. Ou, se respondêssemos, seria uma resposta bem superficial. Porque ainda não estaríamos confortáveis o suficiente para sermos honestos. Não teríamos a sensação de que conhecemos o outro bem o suficiente para compartilhar aquilo de bom grado. Para haver uma revelação verdadeira e profunda é preciso algum tipo de conexão social.

Reside aí o desafio. Revelações profundas necessitam de conexão social. Mas, para chegar a essa conexão, as pessoas precisam ter revelado coisas sobre si mesmas.

Este dilema é parte do motivo pelo qual a técnica Fast Friends é tão eficaz. Em vez de pular para a parte séria logo de cara, ela cativa as pessoas, incentivando as revelações pouco a pouco.

As primeiras perguntas são bastante inócuas; genéricas, inofensivas, lançadas apenas para quebrar o gelo. Quem você gostaria de convidar para jantar é uma pergunta divertida, que qualquer um pode responder. Não parece particular nem pessoal demais, então as pessoas se sentem à vontade para dar a resposta, mesmo a alguém que acabaram de conhecer.

Mas, embora a indagação pareça segura o suficiente para ser respondida, as respostas começam a proporcionar uma janela, por menor que seja, sobre quem a pessoa é. Se o seu interlocutor responder LeBron James, o Papa, Albert Einstein ou o dr. Martin Luther King Jr., isso dá uma noção de quem ele é, e o que ele valoriza. Se ama esportes, preza a religião, gosta de ciência ou se preocupa com justiça social. Não revela tudo, mas começa a formar uma base.

E esse mínimo de exposição, essa microrrevelação, fornece o combustível que incentiva o outro a fazer o mesmo, a revelar um pouco sobre si mesmo em retribuição. Isso, por sua vez, estimula mais revelações do outro lado, e a conexão se desenvolve a partir daí.

A vulnerabilidade mútua promove a intimidade, mas chegar ao ponto em que duas pessoas estão dispostas a ser vulneráveis é difícil. Todo mundo tem receio em se expor, falar demais ou não ter seus esforços retribuídos. Muitas pessoas estão dispostas a dar o segundo passo, mas poucas querem dar o primeiro.

As perguntas do Fast Friends ajudam. Não começam grandes demais, mas também não se mantêm pequenas. Elas partem de um lugar seguro e evoluem, tornando-se progressivamente mais instigantes e reveladoras. E, ao exigir que ambas as partes respondam, garantem que todos estejam dando sua contribuição, o que aprofunda a confiança. As revelações constantes, crescentes e recíprocas fortalecem a interconexão e aproximam qualquer dupla.

Fazendo mágica

É comum dizer que não existe pergunta burra. Mas, sem dúvida, há melhores e piores.

Perguntas nos ajudam a obter informações, mas também comunicam coisas sobre nós, direcionam o rumo da conversa e fortalecem laços sociais. Consequentemente, precisamos saber quais delas fazer, e quando.

Eis cinco diretrizes a serem levadas em conta:

1. **Peça conselhos.** Isso não apenas proporciona informações úteis, como também nos faz parecer mais inteligentes.
2. **Acompanhamento.** Fazer perguntas melhora nossa imagem e alimenta interações positivas, mas as de acompanhamento são particularmente úteis, porque mostram que estamos interessados, e que nos importamos o suficiente para querer saber mais.
3. **Esquive-se das dificuldades.** Quando alguém faz uma pergunta indevida, fazer uma pergunta relacionada nos permite mudar o rumo da conversa, demonstrando interesse e mantendo informações pessoais em sigilo.
4. **Evite suposições.** Na tentativa de fazer com que as pessoas divulguem informações potencialmente negativas, evite indagações que supõem coisas de antemão.
5. **Parta de um lugar seguro.** Revelações profundas exigem conexão social. Mas, para chegar a esse ponto, as pessoas precisam primeiro se sentir seguras. Portanto, para aprofundar relacionamentos sociais ou

> transformar desconhecidos em amigos, comece de forma simples e vá evoluindo, estimulando a exposição recíproca.

Saber o que perguntar, e quando, pode nos ajudar a causar uma melhor impressão, obter informações úteis e promover conexões mais significativas com as pessoas ao nosso redor.

Além das perguntas, porém, existe um outro tipo de palavra mágica que merece atenção, que é a linguagem da concretude.

4

Tire proveito da concretude

Alguns anos atrás, eu estava a caminho do aeroporto quando recebi a mensagem que todo viajante teme: meu voo havia sido cancelado. Eu estava fora havia alguns dias e ansioso para voltar para casa, então aquilo estava longe do ideal. Além disso, tinha escolhido o voo para chegar em casa a tempo de colocar as crianças para dormir, e naquele momento, em vez de estar lá — ou pelo menos passar mais tempo com o cliente da consultoria que eu tinha ido visitar —, eu ficaria preso no aeroporto.

Para piorar as coisas, a companhia aérea tentou remarcar minha passagem, mas, em vez de um voo direto no mesmo dia, fui colocado em um voo com conexão no dia seguinte. Foi quando eu fiquei chateado de verdade, então liguei para o atendimento ao cliente para tentar resolver as coisas.

O funcionário do outro lado da linha não ajudou muito. Em vez de me ouvir de verdade ou tentar de fato entender o problema, ele apenas se atinha ao que parecia ser um roteiro. Usando clichê atrás de clichê, na tentativa de mostrar que "se importava" em vez de se importar na prática. Depois de vinte minutos de idas e vindas, consegui entrar na lista de espera para um voo direto na mesma noite, mas àquela altura eu já estava um tanto furioso.

O gentil motorista de Uber que foi forçado a ouvir a conversa ofereceu sua solidariedade, e acabamos puxando conversa. Falei sobre como estava frustrado, mas também como me sentia mal pelos funcionários de atendimento ao cliente que tinham que lidar com os problemas de todo mundo. Não era culpa deles que o voo tivesse sido cancelado, mas lá estavam eles, tendo que acalmar pessoas furiosas como eu, uma após a outra, o dia inteiro.

Parecia um trabalho difícil, mas o motorista de Uber disse que era o oposto disso. Ele contou que a filha trabalhava no atendimento ao cliente de uma companhia aérea e que adorava. Inclusive, ela era tão boa em deixar os clientes satisfeitos que a empresa a promoveu, para ensinar outros agentes a serem mais eficazes.

A princípio, fiquei surpreso. Deixar os clientes satisfeitos naquele contexto parecia bem difícil. A maioria das pessoas que liga está lidando com voos cancelados, atrasos ou malas extraviadas, e não é como se o funcionário pudesse estalar os dedos e resolver magicamente os problemas.

Mas, depois de pensar mais a fundo, passei a me perguntar: se a filha dele era tão boa em lidar com situações difíceis, o que será que ela dizia para resolver as coisas? Além do que os funcionários poderiam oferecer (por exemplo, um crédito ou outro voo), será que haveria formas de comunicação que deixavam os clientes mais satisfeitos?

Para estudar essa questão, Grant Packard e eu reunimos os dados de centenas de ligações para o atendimento ao cliente de um grande varejista online:[1] alguém do Arkansas cuja mala não abria; alguém de St. Louis cujos sapatos estavam com defeito; e alguém de Sacramento que precisava de ajuda para devolver uma camisa que não cabia.

Com o auxílio de uma empresa de transcrição e uma equipe de assistentes de pesquisa, transformamos as gravações em dados. Transcrevemos as chamadas, separamos o que o funcionário e o cliente haviam dito, e mensuramos até características vocais, como frequência e tom.

Cada cliente ligava por um motivo diferente, mas muitas ligações seguiam um roteiro conhecido. O funcionário se apresentava, o cliente descrevia o problema, e o funcionário tentava resolvê-lo. Procurava descobrir por que a mala não abria, o que havia de errado com os sapatos ou ajudar o cliente a devolver a camisa. O funcionário procurava no sistema ou falava com um gerente, e coletava todas as informações necessárias. Então, depois de resolver a questão, explicava o que havia feito ou descoberto, conferia se o cliente tinha mais alguma dúvida e se despedia.

Mas, embora as chamadas em si tivessem uma estrutura semelhante, os resultados eram bem diferentes. Alguns clientes ficavam satisfeitos com o serviço e achavam o funcionário bastante prestativo. Outros, nem tanto.

Não é surpresa que parte disso esteja relacionado com o motivo pelo qual os clientes estavam ligando. Alguns ligavam para falar sobre problemas em suas contas, outros sobre problemas com uma encomenda. Alguns tinham questões maiores; outros, menores.

Mas, mesmo filtrando de acordo com os motivos pelos quais as pessoas ligavam, pelos dados demográficos e por dezenas de outros fatores, a forma como os funcionários falavam desempenhava um papel importante. Havia uma determinada maneira de falar que aumentava a satisfação do cliente.

E, para entender esse modo de falar, temos que entender um quarto tipo de palavras mágicas: o que é chamado de concretude linguística.

As três formas de aplicá-la são: (1) fazer as pessoas se sentirem ouvidas, (2) tornar o abstrato concreto e (3) saber quando é melhor ser abstrato.

FAÇA AS PESSOAS SE SENTIREM OUVIDAS

Algumas coisas são bem concretas. Portas, mesas, cadeiras e carros são objetos físicos específicos, tangíveis. Você pode vê-los com os olhos e tocá-los com as mãos. Você tem uma noção clara do que são e consegue até imaginá-los. Se alguém pedir para desenhar uma mesa, por exemplo, é algo que até uma criança de cinco anos pode fazer.

Outras coisas, porém, são menos concretas, tais como amor, liberdade ou ideias. São conceitos intangíveis e mais difíceis de sintetizar. Não são objetos físicos, então não podemos tocá-los, e é mais difícil imaginá-los em nossas mentes. Peça a alguém para desenhar a democracia, por exemplo, e você provavelmente vai receber um olhar de perplexidade. Não se sabe a aparência da democracia, se é que ela tem uma.

Além dos elementos terem uma variação natural no grau de concretude, em muitas situações uma mesma coisa pode ser expressa de formas mais ou menos concretas.

Roupas de brim para as pernas, por exemplo, podem ser descritas como *calças* ou *jeans*. Uma torta pode ser qualificada como *muito boa* ou *de dar água na boca*. E, em vez de chamar algo de "transformação digital", podemos dizer "permitir que os clientes façam compras na internet e na loja física". Em todos os casos, a última versão (*jeans* ou *de dar água na boca*) é mais concreta. É mais específica, vívida e mais fácil de ser retratada ou imaginada.

O mesmo vale para as chamadas de atendimento ao cliente que examinamos. Um funcionário que atendesse a uma solicitação para encontrar um par de tênis poderia dizer que iria procurar por *eles*, *aqueles sapatos* ou o *Nike verde-limão*. Alguém respondendo a uma consulta sobre uma entrega pode dizer que o pacote chegaria *lá*, *em sua casa* ou *em sua porta*. E alguém tratando de um reembolso poderia dizer: nós vamos enviar *alguma coisa*, um *reembolso* ou *seu dinheiro de volta*.

Mais uma vez, em todos os três exemplos a última versão usa uma linguagem mais concreta. O *Nike verde-limão* é mais concreto do que *eles*, *em sua porta* é mais concreto do que *lá*, e *o seu dinheiro de volta* é mais concreto do que *reembolso*, que é mais concreto do que *alguma coisa*. As palavras usadas são mais específicas, tangíveis e reais.

Essas variações podem parecer uma simples questão de estilo, mas tiveram um impacto relevante na forma como os clientes se sentiram em relação à interação.

O uso da linguagem concreta aumentou significativamente a satisfação do usuário. Quando os funcionários do atendimento ao cliente usavam uma linguagem mais concreta, os consumidores ficavam mais satisfeitos com a interação e achavam que o atendente havia sido mais prestativo.

E os benefícios da concretude linguística vão além do modo como os clientes se sentem. Ao analisarmos quase mil interações por e-mail de um outro varejista, encontramos efeitos semelhantes no comportamento de compra. Quando os funcionários usavam uma linguagem mais concreta, os clientes gastavam 30% a mais naquele varejista nas semanas seguintes.

Falar pode parecer fácil, mas, às vezes, faz uma diferença enorme.

Seja resolvendo problemas ou vendendo produtos e serviços, funcionários que estão na linha de frente lidam com dezenas de clientes por dia. Atendentes de call centers passam de uma ligação para outra, ajudando um cliente que recebeu uma mala com defeito e outro com problema para fazer login no site. Funcionários do varejo vão desde ajudar um comprador a encontrar um casaco até orientar outro na troca de uma mercadoria. E representantes de vendas vão de uma reunião de apresentação a outra, alardeando os benefícios de um produto ou serviço a inúmeros consumidores.

Em situações como essas, é fácil recorrer a um conjunto de frases feitas. “Terei prazer em ajudá-lo com isso”, ou “Peço desculpas pelo transtorno”, seja *isso* ou o *transtorno* em questão um casaco, uma calça ou outro produto qualquer. Essas respostas abstratas e genéricas ajudam a poupar tempo e esforço, porque são aplicáveis a quase todas as situações.

Mas essa ampla serventia tem um lado negativo.

Imagine que saiu para comprar roupas. Você encontra uma camiseta de que gostou, mas não acha na cor cinza que estava procurando, então pede ajuda a dois funcionários. Um diz “Vou procurá-la”, e o outro diz “Vou procurar essa camiseta cinza”. Se você tivesse que escolher, qual você diria que ouviu melhor o que você disse?

Quando fizemos perguntas como essa a centenas de pessoas, a segunda resposta, mais concreta (“Vou procurar essa camiseta cinza”), venceu de lavada. Respostas genéricas (por exemplo, “Vou procurá-la”) podem ser usadas em qualquer situação, mas essa generalidade significa que não são muito específicas nem concretas. E, consequentemente, fica menos claro se a pessoa que fala de maneira abstrata de fato *ouviu*.

Porque as pessoas, sejam clientes ou não, querem se sentir ouvidas. Quando alguém liga para o atendimento, pede para falar com um gerente ou chega ao seu escritório com algo em mente, ela quer ter a sensação de que alguém está ouvindo suas preocupações e que vai resolvê-las.

Mas, para se sentir ouvido, três coisas precisam acontecer. Primeiro, é preciso sentir que o interlocutor *prestou atenção* ao que foi dito. Segundo, é preciso sentir que ele *entendeu* o que foi dito. E, terceiro, a outra pessoa tem que *demonstrar que ouviu*.

Esta última parte é fundamental. Imagine falar com alguém que não responde. Essa pessoa pode ter prestado atenção a tudo o que dissemos. Pode até ter entendido completamente. Mas, sem um tipo de sinal externo que indique que ela ouviu, é impossível saber se ela ouviu mesmo.

Sendo assim, não basta apenas ouvir. Para fazer as pessoas se sentirem ouvidas, precisamos *demonstrar* que as escutamos. Temos que responder de uma forma que sinalize que prestamos atenção ao que elas falaram e que entendemos.

E é por isso que a linguagem concreta é tão valiosa. Um funcionário de atendimento ao cliente pode ter prestado atenção e entendido o problema, mas, sem um sinal expresso de compreensão, não há como o cliente saber.

A linguagem concreta proporciona esse sinal. O uso de uma específica e concreta mostra que, em vez de apenas agir no automático, alguém se esforçou para prestar atenção e entender o que foi dito. Ou, em outras palavras, para ouvir.

A linguagem concreta aumentou o grau de satisfação do cliente e impulsionou as compras, porque mostrou a eles que os funcionários estavam atentos às suas necessidades. Para responder às necessidades específicas e peculiares de um cliente é preciso, antes de tudo, compreendê-las. Portanto, embora prestar atenção e entender sejam aspectos-chave da escuta, usar uma linguagem concreta leva isso um passo adiante. Isso *mostra* que ouvimos.

Claro, a linguagem concreta também deve ser relevante para a situação em questão. Se um cliente reclama de sapatos com defeito de fabricação e o atendente usa uma linguagem concreta completamente irrelevante (por exemplo, "Terei prazer em procurar essa jaqueta para você"), isso não vai aumentar o grau de satisfação do cliente. Na verdade, provavelmente vai diminuir. Somente quando a linguagem concreta sinaliza que a outra pessoa prestou atenção e entendeu o que você disse que ela é de fato eficaz.

A escuta é importante, mas, se o objetivo é levar satisfação aos outros, mostrar que estamos ouvindo também é fundamental. Mesmo que tenhamos escutado o que um parceiro ou cliente disse, para que eles internalizem isso é preciso responder de uma forma que demonstre que entendemos. E a linguagem concreta é uma forma de fazer isso.

Quando nosso parceiro fala sobre um dia difícil no trabalho, por exemplo, é fácil dizer algo como "Deve ter sido difícil" ou "Que chatice". Mas essas respostas são tão abstratas que é pouco provável que tenham o impacto desejado. São tão genéricas que não demonstram que nos importamos de verdade.

A linguagem concreta é mais eficaz. "Não acredito que o vice-presidente chegou 45 minutos atrasado", ou "Que frustrante o projetor não ter funcionado". Usar a linguagem concreta mostra que ouvimos e que nos importamos.

Isso também vale para a interação com os clientes. O uso da linguagem concreta mostra que entendemos as especificidades e que podemos responder a elas ou elaborar a partir dali.

Sinalizar que ouvimos é uma das vantagens, mas existem outras.

Usar uma linguagem concreta para apresentar ideias, por exemplo, faz com que seja mais fácil entendê-las.[2] Da mesma forma, a análise de milhares de páginas de suporte técnico constatou que as que usavam uma linguagem mais concreta foram classificadas como mais úteis. Em comparação com o uso de uma linguagem mais abstrata (por exemplo, "Sobre a lista de permissão de confiança parcial de segurança"), o uso de linguagem mais concreta ("Como dividir e transportar o teclado" ou "Verifique a bateria e carregue o relógio") fez com que fosse mais fácil para os leitores entender do que se tratava o conteúdo e achá-lo mais útil para resolver suas dúvidas.

A linguagem concreta também torna as coisas mais memoráveis. Os leitores são mais propensos a se lembrarem de expressões e sentenças concretas (por exemplo, "motor enferrujado", no primeiro caso, e "quando um avião dispara pela pista e os passageiros são jogados para trás em seus assentos", no segundo) do que abstratas ("conhecimento disponível" ou "o ar em movimento será empurrado contra uma superfície colocada em um ângulo em relação ao fluxo de ar").[3]

Não surpreende, portanto, que o uso da linguagem concreta tenha uma série de consequências benéficas: captura a atenção das pessoas, estimula a colaboração e orienta a ação desejada.[4]

Inclusive, a concretude linguística afeta até as decisões do conselho de liberdade condicional. Quando presidiários se desculpam por suas ações, aqueles que dão explicações mais concretas para as transgressões têm maiores chances de conseguir liberdade condicional.

TORNAR O ABSTRATO CONCRETO

Dados todos os benefícios da linguagem concreta, fica uma pergunta: por que não a usamos com mais frequência? Afinal, se ela provoca uma sensação positiva e torna as coisas mais fáceis de serem entendidas e lembradas, por que alguém fala ou escreve de forma abstrata?

Sempre que expressamos uma ideia, o natural é sabermos bem sobre o que estamos falando. Vendedores conhecem todos os benefícios de seu produto ou serviço, professores são especialistas na matéria que ensinam e gerentes passaram meses pensando nos detalhes de uma nova iniciativa estratégica. De certa forma, esse conhecimento é uma bênção. Cientes dos prós e contras de um produto ou serviço, podemos nos concentrar nos pontos de maior destaque para um consumidor em potencial. Por sermos versados em um determinado tema, podemos oferecer ideias análogas para ajudar os alunos a compreender o assunto. E, ao gastar tempo pensando em uma nova iniciativa, é comum sabermos exatamente o que é necessário para tornar a implementação bem-sucedida.

Mas, embora o conhecimento às vezes seja uma bênção, também pode ser uma maldição. Porque, uma vez que as pessoas passam a saber muito sobre um assunto, pode ser difícil para elas se lembrarem de como é *não* saber tanto. Imaginar como é não ter tal profundidade de compreensão.

Na hora de estimar o que os outros sabem ou não, as pessoas partem do conhecimento que já possuem. Presumem que os outros sabem tanto quanto elas. Ao conversar com seus colegas sobre uma nova iniciativa, por exemplo, gerentes usam o próprio nível de compreensão como baliza. Se para mim é muito fácil entender todas as nuances da transformação digital, a experiência deve ser igual para todos, portanto para eles também é fácil entender.

Como resultado, muitas vezes nos comunicamos usando siglas, abreviações e jargões. Palavras, frases ou uma linguagem que outros especialistas tenham capacidade de compreender.

Esquecemos que, embora seja fácil para nós, outros podem não achar o mesmo. Embora tenhamos passado muito tempo pensando em determinado assunto ou adquirido muito conhecimento sobre ele, com frequência deixamos de levar em consideração que outras pessoas não estão na mesma posição.

Assim, muitas vezes falamos de uma forma que entra por um ouvido e sai pelo outro. Pense na última vez que você falou com um consultor financeiro, por exemplo, ou que levou o carro ao mecânico. Eles podem ter falado sobre como uma determinada empresa "possui ativos intangíveis" ou sobre como "o eixo de transmissão está de acordo com a potência e o torque originais, mas o veículo está atualmente entregando muito mais potência do que o original". Coisas que são naturais para eles, mas que nos deixam pensando se eles não estão falando outra língua.

Isso tem nome, é apropriadamente chamado de maldição do conhecimento.[5] É uma maldição porque, quanto mais sabemos, mais presumimos que os outros sabem, e, portanto, mais incompreensível fica nossa fala.

E a abstração é a causa.

Quanto mais as pessoas aprendem sobre determinado assunto, mais natural é para elas pensar nele de forma abstrata. Encontrar soluções para problemas vira "ideação". Determinar por que alguém deveria comprar seu produto vira "identificar uma proposta de valor". E Tyler, Maria, Derek e centenas de outros novos funcionários se transformam em "capital humano". Missões, planos de marketing e documentos culturais estão repletos desse tipo de linguagem.

Mas isso não é um problema exclusivo do setor de negócios. Ele ocorre em quase todas as especialidades. Mecânicos falam o jargão dos mecânicos, professores falam o jargão dos professores e consultores financeiros falam o jargão dos consultores financeiros. Até mesmo médicos excelentes costumam ser péssimos comunicadores. Eles entendem o problema, mas usam uma linguagem tão abstrata para explicá-lo que a solução se torna completamente ininteligível (por exemplo, falar sobre "aumentar a taxa metabólica basal" em vez de "praticar exercício com mais frequência").

Precisamos tornar o abstrato concreto. Seja conversando com colegas ou clientes, alunos ou representantes de vendas, pacientes ou gerentes de projetos, precisamos pegar ideias abstratas e torná-las reais usando linguagem concreta. Isso ajuda as pessoas a entender e a agir de acordo com o que estamos dizendo.

É mais fácil entender o que alguém está dizendo quando fala sobre um telefone, em vez de um dispositivo. Descrever um carro como esportivo ou vermelho tende a torná-lo mais vívido. E, em vez de dizer que "vamos" ao depósito da loja para procurar um tamanho maior, usar uma linguagem mais visualizável e específica ("dar uma olhada") ajuda a convencer os clientes de que faremos o possível para atender ao pedido deles.

Na tabela há mais alguns exemplos de linguagem mais e menos concreta.

Menos concreto		Mais concreto
Calça	➡	Calça Jeans
Reembolso	➡	Dinheiro de volta
Mobília	➡	Mesa
Ela	➡	Camiseta
Muito boa	➡	De dar água na boca
Simpático	➡	Caloroso
Ir	➡	Dar uma olhada
Solucionar	➡	Consertar

SAIBA QUANDO É MELHOR SER ABSTRATO

Até aqui, falamos sobre por que a linguagem concreta é vantajosa. Ela sinaliza que ouvimos, torna as coisas mais fáceis de compreender e pode até ajudar a pedir desculpas de forma mais eficaz.

Mas a linguagem concreta é sempre adequada? Ou será que existem situações em que a linguagem abstrata é melhor?

Para onde quer que você olhe, existe uma start-up avaliada em uma fortuna. Em 2007, Brian Chesky e Joe Gebbia não tinham como pagar o aluguel do apartamento deles em São Francisco, então alugaram colchões infláveis e os colocaram no chão da sala para pessoas que iriam a uma grande conferência de design na cidade. Hoje, a empresa deles, o Airbnb, vale mais de cem bilhões de dólares. Dois amigos estavam reclamando sobre como era difícil conseguir um táxi, então transformaram essa percepção no aplicativo Uber, que vale quase o mesmo. Dropbox, DoorDash, Stitch Fix, ClassPass, Robinhood, Warby Parker, Grammarly, Instacart e Allbirds são apenas algumas das centenas de unicórnios que valem mais de um bilhão de dólares.

Mas, antes que uma start-up possa se tornar um unicórnio, uma das primeiras coisas que os empreendedores precisam fazer é captar dinheiro. Além de ter uma ideia, eles precisam convencer os primeiros investidores a contribuir com fundos para então começar a montar um negócio.

E captar dinheiro é difícil. A famosa aceleradora de start-ups de tecnologia Y Combinator recebe mais de vinte mil pedidos por ano, e financia menos de algumas centenas. A maioria dos fundos de capital de risco financia um número ainda menor.

Os fundadores criam slides, esboçam apresentações e fazem pedidos de financiamento, mas o que torna algumas tentativas mais bem-sucedidas do que outras? Por que alguns poucos obtêm apoio, enquanto tantos outros, não?

Em 2020, uma professora da Harvard Business School e seus colegas analisaram doze meses de pedidos de financiamento de um ano.[6] Uma empresa de capital de risco estava pensando em adquirir participação acionária em start-ups em busca de expansão, ou seja, negócios incipientes que estivessem no rumo certo para o crescimento a longo prazo. Inicialmente, a empresa estava disposta a investir até dois milhões de dólares em cada start-up, com a possibilidade de aumentar para algo entre cinco e dez milhões em rodadas de financiamento subsequentes.

Não é surpresa que a empresa tenha recebido inúmeros pedidos — mais de mil de empresas com foco em tudo, desde tecnologia e finanças até medicina e serviços B2B. Além de fornecer informações sobre a empresa e a equipe de fundadores, os candidatos também faziam um resumo executivo do negócio.

A apresentação de uma empresa que estava desenvolvendo um dispositivo portátil para rastrear o teor de álcool no sangue, por exemplo, dizia:

> "A maioria das pessoas que bebe socialmente se identifica com a experiência de acordar depois de uma noitada e desejar ter tomado pelo menos uma dose a menos. [...] Elas podem estar de ressaca, [...] ter fugido da dieta [...] [ou] não se lembrar de alguns momentos da noite. Mas não são alcoólatras; não querem parar de beber, mas gostariam de ter ferramentas para saber a linha entre aproveitar a bebida e acordar se sentindo mal. [Nós damos] aos usuários essas ferramentas."

O discurso de uma empresa de tecnologia financeira focada em *leasing* de equipamentos dizia:

> "[Nosso objetivo] é desenvolver uma solução rápida para pequenas e médias empresas para lidar com as próximas mudanças na contabilização de *leasings* que devem ocorrer nos quatro a cinco anos seguintes. [...] As regras atuais de contabilidade de *leasing* foram desenvolvidas há mais de trinta anos, e permitiram que os arrendatários excluíssem a maior parte de seus *leasings* do balanço patrimonial. Essas regras foram criticadas por muitos anos [...] porque não refletem a verdadeira posição financeira das empresas. Uma minuta recente elaborada pelos Accounting Standards Bodies aborda isso, e exige que as empresas capitalizem seus *leasings*. Em outras palavras, que os insira no balanço."

Os investidores liam essas apresentações e decidiam o que fazer. Determinavam se a start-up tinha potencial de crescimento e se deveriam ou não cogitar fazer um aporte de fundos.

Para entender o que motivou as decisões de financiamento, os pesquisadores examinaram uma variedade de fatores. Avaliaram em que setor cada start-up se encaixava, se visava a empresas ou consumidores, se oferecia um produto ou serviço, e o tamanho da equipe de fundadores.

Não é surpresa que os aspectos do negócio em si tenham desempenhado um papel importante. Alguns setores foram vistos como de alto potencial de crescimento, enquanto outros, nem tanto. Da mesma forma, o que as start-ups ofereciam também importava. Em comparação com os serviços, os produtos eram vistos como mais fáceis de proporcionar aumento em escala.

Além da empresa em si, porém, e do setor de negócios em que ela estava, os pesquisadores também analisaram as apresentações — o que os candidatos disseram e como disseram.

Talvez alguém imagine que a linguagem da apresentação não importe muito. Afinal, o sucesso de um investimento depende muito mais do ramo de atuação da empresa ou de ela possuir uma equipe de liderança forte.

Mas, mesmo levando esses fatores em consideração, a linguagem da apresentação teve um forte impacto nas decisões de investimento. As que usavam uma linguagem mais abstrata faziam os investidores pensarem que a empresa tinha mais potencial de crescimento e maior capacidade de ganho em escala. A linguagem abstrata também aumentou a probabilidade de receber um investimento, ampliando as chances de uma start-up ser aprovada na rodada inicial de hipótese de financiamento.

Essa também é uma das razões pelas quais mulheres que fundaram start-ups têm mais dificuldade em levantar capital de risco. As mulheres tendem a usar uma linguagem mais concreta e apresentar o negócio que estão montando no momento, enquanto os homens tendem a usar uma mais abstrata, descrevendo uma visão mais ampla de como imaginam a expansão dos negócios no futuro. Como disse um capitalista de risco: "Vejo homens apresentarem unicórnios e mulheres apresentarem negócios".

De certa forma, isso é bastante surpreendente. Afinal de contas, capitalistas de risco são veteranos que já investiram dezenas de milhões de dólares em dezenas de start-ups. Viram negócios abrirem o capital na casa dos bilhões e ideias desmoronarem em questão de meses. Portanto, o fato de que algo tão simples como a linguagem usada pelos fundadores possa moldar a tomada de decisão deles é impressionante.

Ainda mais surpreendente é o *tipo* de linguagem que atraiu mais investimentos. Porque a linguagem concreta aumenta a compreensão, estimula a memorização e traz uma série de outros benefícios. Levando tudo isso em consideração, por que uma linguagem *menos* concreta (mais abstrata) aumentou as chances de se obter financiamento?

A resposta, ao que parece, reside no que a linguagem concreta comunica sobre o potencial. Como dissemos, a linguagem concreta, em geral, se relaciona a aspectos observáveis de objetos, ações e acontecimentos. Coisas que existem aqui e agora que podemos ver, tocar ou sentir.

Consequentemente, a linguagem concreta pode ser bastante útil. Ajuda as pessoas a visualizar o que está sendo dito e a entender tópicos complexos. No contexto da linguagem da apresentação, por exemplo, o uso da linguagem concreta supostamente ajudaria potenciais investidores a entender o que uma empresa faz e os problemas imediatos que ela espera resolver.

Mas, ao decidir se deve ou não financiar uma start-up, entender não é a principal coisa que os investidores buscam. Eles não estão apenas tentando compreender um negócio, estão tentando prever o potencial dele — não apenas se vai sobreviver, mas se vai prosperar. Qual a probabilidade de esse negócio crescer no futuro? Não só um pouco, mas muito? O quão fácil será obter um ganho de escala?

E, embora a linguagem concreta seja ótima para aumentar a compreensão ou para facilitar o entendimento de assuntos complexos, a abstrata é melhor quando se trata de coisas como descrever o potencial de crescimento de uma empresa, porque, enquanto a concreta se concentra no tangível aqui e agora, a abstrata alcança a perspectiva mais ampla.

O uso da linguagem abstrata também faz com que os fundadores pareçam visionários, focados não apenas no empreendimento como ele existe no momento, mas em como ele pode existir no futuro; não apenas no que é, mas no que pode ser. Eles têm um olhar amplo do que é possível e de como seus negócios podem crescer ou expandir ao longo do tempo.

Veja a Uber, conhecida por seu aplicativo de carona. Ao ser fundada em 2009, teria sido fácil descrever o negócio exatamente assim: "Um aplicativo para smartphone que torna mais fácil pegar um táxi, conectando passageiros a motoristas e reduzindo o tempo de espera". Essa descrição é extremamente precisa e dá uma boa noção do que a empresa faz. Também é extremamente concreta. Usa uma linguagem detalhada para ajudar as pessoas a entender a natureza dos negócios da Uber.

Mas essa não é a única maneira de descrevê-la. Inclusive, um dos cofundadores posicionou a empresa de um modo bem diferente. Ele a definiu como "uma solução de transporte conveniente, confiável e prontamente acessível a todo mundo".

De certa forma, a diferença pode parecer pequena. Ambas as descrições dão uma noção do espaço geral em que a Uber ocupa e o que ela está tentando fazer.

Mas, embora a primeira seja bastante concreta, a forma como o cofundador apresentou o negócio é muito mais abstrata. Em vez de focar nas corridas em si, algo que tem um escopo muito mais restrito, chamar a Uber de "solução de transporte" aborda o problema mais amplo que a empresa está tentando resolver.

Isso, por sua vez, aumentou o volume de investimentos, porque fez o mercado potencial parecer muito maior. Um aplicativo de carona? Consigo pensar em algumas pessoas que talvez precisem disso ou em algumas situações em que isso pode ser útil.

Mas uma solução de transporte? Uau, isso parece muito maior. Muitas pessoas e empresas poderiam usar algo assim, e parece ter muitos usos.

Não somos apenas uma start-up *fintech*, somos um provedor de soluções. Não somos apenas um fabricante de dispositivos, nós tornamos sua vida melhor.

Em vez de focar em um nicho, a linguagem abstrata faz com que o mercado aparente ser universal. E, diante desse maior potencial de crescimento, a empresa parece um investimento muito mais promissor.

Logo, a decisão de usar uma linguagem concreta ou abstrata vai depender do resultado que estamos buscando.

Quer ajudar as pessoas a entender uma ideia complexa, a se sentirem ouvidas ou a se lembrarem do que foi dito? Usar a linguagem concreta será mais eficaz. Dê preferência a verbos que se concentrem em ações (andar, falar, ajudar ou melhorar, por exemplo), em vez de adjetivos (como honesto, agressivo ou prestativo). Fale sobre objetos físicos ou empregue uma linguagem que os ajude a visualizar o que estamos dizendo.

Mas, se quisermos que as pessoas acreditem que nossa ideia tem potencial ou que somos visionários com os olhos no futuro, a abstrata é mais eficaz.

A linguagem abstrata também sugere que os comunicadores são mais poderosos e seriam melhores gerentes ou líderes.[7] Usá-la para descrever acontecimentos corriqueiros (o ato de ignorar alguém como "demonstração de antipatia", em vez de "não deu 'oi'") faz as pessoas parecerem mais focadas na perspectiva geral e, portanto, mais poderosas, dominantes e no controle. De maneira análoga, ouvir uma pessoa descrever um produto de forma mais abstrata ("nutritivo" em vez de "contém muitas vitaminas") fez com que ela parecesse mais preparada para ser um gerente ou líder.

A linguagem abstrata pode ser tão memorável ou tão útil na hora de explicar uma ideia complexa como é a concreta? Provavelmente, não. Mas, se o objetivo for decidir em quem votar ou promover a um cargo gerencial, a linguagem abstrata provavelmente levaria as pessoas na direção certa.

De modo geral, ao tentar tornar a linguagem mais concreta ou mais abstrata, uma abordagem útil é focar no *como* ou no *porquê*.

Quer ser mais concreto? Concentre-se no *como*. Como um produto atende às necessidades do consumidor? Como uma nova iniciativa aborda um problema importante? Pensar em *como* algo é ou será feito estimula o concreto. Ajusta o foco na viabilidade e ajuda a gerar descrições palpáveis.

Quer ser mais abstrato? Concentre-se no *porquê*. Por que um produto atende às necessidades do consumidor? Por que uma nova iniciativa aborda um problema importante? Pensar em *por que* determinada coisa é boa ou ideal estimula a abstração. Ajusta o foco no desejo e ajuda a gerar descrições abstratas.

Fazendo mágica

É fácil falar de maneira abstrata. Quando sabemos muito sobre alguma coisa, tendemos a nos comunicar em um alto nível, que julgamos fácil de ser compreendido.

Infelizmente, isso muitas vezes erra o alvo. Portanto, precisamos saber tirar proveito da concretude linguística.

1. **Faça as pessoas se sentirem ouvidas.** Quer mostrar a alguém que você está ouvindo? Seja concreto. Forneça detalhes específicos que mostrem que você prestou atenção e o entendeu.
2. **Seja concreto.** Não escolha apenas coisas que soem bem, use palavras que as pessoas consigam visualizar. É muito mais fácil imaginar um carro esportivo vermelho do que uma ideia.
3. **Saiba quando é melhor ser abstrato.** Pensar nos detalhes de como algo vai acontecer e focar ações específicas torna as coisas mais concretas.

Mas, embora a linguagem concreta seja frequentemente útil, se nosso objetivo é parecer poderoso ou fazer com que algo pareça ter potencial de crescimento, usar a linguagem abstrata é melhor. Nesses casos:

1. **Concentre-se no *porquê*.** Pensar no raciocínio por trás de algo ajuda as coisas a se manterem em um nível elevado e a comunicar essa perspectiva mais ampla.

Em suma, se queremos ajudar as pessoas a entender o que estamos dizendo, fazer com que se sintam ouvidas ou aumentar o engajamento, a linguagem da concretude pode ajudar.

Até aqui, falamos sobre como as palavras podem ativar a identidade e a autonomia, transmitir confiança, nos permitir fazer as perguntas certas e tirar proveito da concretude. A seguir, vamos examinar um quinto tipo de palavra mágica: as que expressam emoção.

5

Expresse emoção

Durante a juventude em West Covina, Califórnia, Guy Raz sonhava em ser jornalista. Seu maior desejo era se tornar repórter de um jornal, e os melhores e mais brilhantes começavam em lugares como o *Chicago Tribune*, então foi lá que ele tentou uma vaga.

Mas não conseguiu. O mesmo aconteceu no *Dallas Morning News*, no *Baltimore Sun* e em outros jornais aos quais se candidatou. Ninguém queria contratá-lo.

Então, aos 22 anos, enquanto muitos de seus colegas tinham empregos bem remunerados nas áreas de consultoria ou finanças, Guy aceitou uma vaga no extremo oposto da escala salarial: como estagiário. E, como não tinha conseguido emprego no mundo da mídia impressa, acabou por aceitar um estágio em um programa de rádio.

Guy ainda esperava ser repórter, então, no tempo livre, escrevia artigos como freelancer para qualquer um que tivesse interesse. Ele emplacou matérias aqui e ali, principalmente em um semanário alternativo gratuito de Washington, D.C..

Ele perseverou, trabalhou arduamente e cresceu. Virou assistente de produção, diretor de estúdio e, por fim, correspondente estrangeiro. Cobriu o Leste Europeu e os Bálcãs, tornou-se correspondente da CNN em Jerusalém e, depois, voltou aos Estados Unidos para cobrir o Pentágono e as Forças Armadas norte-americanas.

Avancemos para os dias atuais, e, mesmo que você nunca tenha ouvido falar em Guy Raz, provavelmente conhece a voz dele. Em 2013, Guy se tornou apresentador e diretor editorial do *TED Radio Hour*. Em 2016, estreou o podcast de empreendedorismo *How I Built This*, e, desde então, fundou e apresentou outros programas populares, como *Wisdom from the Top*, *Wow in the World* e *The Rewind*. Ele é a primeira pessoa na história dos podcasts a ter três dos vinte programas mais ouvidos, possui uma audiência de mais de vinte milhões de pessoas por mês e é descrito como um dos podcasters mais populares de todos os tempos.

Escute um desses podcasts e vai ficar claro por que eles são tão populares. Guy é um contador de histórias incrível. Ao ouvi-lo falar, é difícil não prestar atenção.

Mas, apesar de alguns temas serem naturalmente atraentes, Guy tem uma capacidade incrível de transformar *qualquer coisa* em uma narrativa fascinante. Da invenção do aspirador de pó à fundação de uma empresa de sabão. De astrônomos alemães a como funciona o nosso olfato.

Ao longo dos anos como correspondente estrangeiro, Guy aperfeiçoou seu ofício: encontrar as histórias pessoais e os dramas humanos que estavam por trás das notícias mais importantes do dia.

Nessa trajetória, ele percebeu que grandes tramas muitas vezes têm elementos em comum. Ingredientes ou estruturas que ajudam a tornar qualquer coisa mais atraente. E, para começar a explorar que coisas são essas, vale a pena começar por uma entrevista de Guy que estava prestes a dar errado.

* * *

Alguns anos atrás, Guy estava entrevistando Dave Anderson, um eminente empresário dos povos originários dos Estados Unidos. Entre outros empreendimentos, Dave tinha fundado a Famous Dave's, uma lendária cadeia de churrascarias, e ajudado a montar o Rainforest Café, um grupo de restaurantes com temática familiar.

Como em todos os episódios de *How I Built This*, a entrevista começava cobrindo a história de sucesso de Dave, desde seu começo como dono de uma churrascaria em uma cidade de 2.300 habitantes até a construção de um império culinário com quase duzentos estabelecimentos.

Mas Guy seguiu explorando os fracassos. Como Dave não tinha prosperado no ramo do petróleo. Como o negócio de flores havia falido. Como o conselho de administração da Famous Dave's tinha se recusado a dar um assento a Dave depois que ele deixara a empresa e quisera voltar.

Dave começou a ficar tenso. Em pouco tempo ele estava visivelmente frustrado. Então, no meio da entrevista, ele parou e perguntou, exaltado: "Por que você fica me perguntando sobre todos os meus fracassos!?".

Dave tinha sido pego de surpresa. Ele esperava que a entrevista fosse tratar apenas dos louros, e achava que Guy estava tentando prejudicar sua imagem. Ele não gostava de compartilhar uma coletânea de seus maiores erros, principalmente diante de milhões de ouvintes. Não é preciso dizer que ele odiou a entrevista e saiu bastante chateado.

Dave não está sozinho. Preferimos — principalmente em âmbito público — concentrar a atenção em nossos sucessos. Clientes que foram conquistados, vendas que aumentaram e pessoas persuadidas. Os destaques e os pontos altos. As redes sociais são um verdadeiro álbum de sucessos. Tal pessoa foi promovida, uma está em Barbados, outra ganhou um novo carro/prêmio/reconhecimento importante.

Achamos que promover uma perspectiva bem lapidada, com curadoria, vai fazer com que as pessoas gostem de nós. Elas vão achar que somos realmente impressionantes, que vale a pena nos conhecer ou nos contratar.

Essa intuição está mesmo correta?

QUANDO AS IMPERFEIÇÕES SÃO UM ATIVO

Em 1966, cientistas comportamentais fizeram um experimento sobre cometer erros.[1] Eles pediram a alunos da Universidade de Minnesota que ouvissem gravações de um "candidato" (na verdade, um ator) fazendo um teste para entrar em um time de disputas sobre conhecimentos gerais da faculdade.

Infelizmente, o candidato não era muito bem qualificado. Ele respondeu corretamente a apenas 30% das perguntas do questionário, e não parecia muito perspicaz.

Além disso, para piorar a situação, para alguns dos alunos o candidato cometeu mais um erro: foi desajeitado e derramou café no terno novinho em folha.

Alguns alunos ouviram uma fita em que o candidato derramava café em si mesmo, outros ouviram uma fita em que não.

Como era de se esperar, o erro prejudicou a imagem do candidato perante os alunos. Os ouvintes tiveram impressões menos positivas quando ele derramava a bebida em si mesmo do que quando não o fazia.

Mas erros *nem sempre* eram ruins. Isso porque, quando um outro grupo de alunos recebeu informações sobre um determinado candidato que era altamente qualificado (tinha acertado 92% das perguntas do questionário), nesses casos um erro os fez gostar *mais* do candidato, não menos.

Mesmo café, mesmo acidente, um impacto diferente.

O estudo revelou que os erros em si não são nem bons nem maus. O impacto deles depende de um contexto mais amplo. Quando pessoas incompetentes cometem erros, isso apenas reforça as impressões já negativas dos outros. Mais do mesmo.

Quando pessoas competentes cometiam erros, porém, o efeito era o oposto. É difícil nos identificarmos com pessoas bem-sucedidas. Elas parecem tão perfeitas que a conexão fica prejudicada. E é por isso que os erros podem ajudar, porque, quando indivíduos competentes eventualmente cometem um erro, isso os humaniza, tornando-os mais reais e, consequentemente, mais agradáveis.

Esse efeito, chamado "efeito Pratfall", é o motivo pelo qual Guy queria perguntar a Dave sobre alguns dos pontos mais difíceis. Guy não estava tentando constrangê-lo. Nem lavar roupa suja. Guy só queria humanizá-lo. Tornar mais possível alguém se identificar com ele.

Porque, se tudo o que se sabe sobre alguém é que teve sucesso atrás de sucesso, é difícil ter empatia. Essas pessoas parecem tão diferentes que é difícil se sentir próximo. Mas, se elas fracassaram aqui ou superaram as adversidades ali, subitamente fica muito mais fácil se conectar.

Inclusive, nas semanas que se seguiram ao lançamento do episódio, dezenas de amigos, colegas e clientes procuraram Dave para agradecê-lo por sua honestidade. A maioria sabia dos sucessos, mas nunca tinha se dado conta dos desafios que ele havia enfrentado para chegar aonde estava. E ouvi-lo falar sobre esses obstáculos, sobre os tempos difíceis, foi fonte de inspiração e esperança. Tudo era possível.

O efeito Pratfall mostra que as imperfeições podem ser uma vantagem. Mas, na verdade, isso é apenas um exemplo de um fenômeno muito maior. E esse é o valor de expressar emoções.

Quatro formas de fazer isso são: (1) construir uma montanha-russa, (2) mesclar momentos, (3) levar o contexto em consideração e (4) ativar a incerteza.

CONSTRUIR UMA MONTANHA-RUSSA

Histórias são parte integrante do dia a dia. Contamos histórias sobre como foi uma reunião, o que fizemos no fim de semana ou por que achamos que somos perfeitos para uma determinada vaga de trabalho. Contamos histórias para defender um argumento, vender uma ideia ou apenas nos conectar com amigos. E, quando não estamos contando histórias, estamos consumindo-as, por meio de livros, filmes, shows e podcasts.

Algumas delas, no entanto, são melhores do que outras. São mais interessantes, envolventes e cativantes. Em vez de embalar o público para dormir ou empurrá-lo na direção de outra coisa para fazer, os ouvintes ficam com a orelha em pé, ansiosos para saber o que vai acontecer.

Não surpreende, portanto, que há muito as pessoas debatam sobre o que compõe uma boa história. Kurt Vonnegut, autor de *Matadouro-Cinco* e *Cama de gato*, sugeriu que "as histórias têm formatos que podem ser desenhados em papel quadriculado". Em sua tese de mestrado, "rejeitada porque era simples demais e parecia muito divertida", Vonnegut teorizou que os altos e baixos pelos quais os personagens passam poderiam ser representados graficamente, de modo a revelar o formato da história.

Aliás, esse é um tópico bem antigo. No século IV a.C., Aristóteles argumentou que todas as histórias tinham padrões comuns, ou trajetórias, e podiam ser divididas em três partes principais. Em 1863, o escritor alemão Gustav Freytag se baseou no modelo de Aristóteles e sugeriu que os dramas poderiam ser fracionados em cinco momentos: uma introdução, uma ação ascendente, um clímax, uma ação descendente e um desenlace. Mais recentemente, todos, desde teóricos da narrativa e linguistas até estudiosos literários e os chamados *script doctors*, teorizaram sobre a estrutura do enredo e os formatos das histórias.

O clássico conto da Cinderela, por exemplo. A bondosa heroína vê seu mundo virar de cabeça para baixo quando a amada mãe morre. O pai de Cinderela se casa novamente, e a nova esposa tem duas enteadas perversas que maltratam Cinderela constantemente. Como se isso não bastasse, ele logo morre, deixando-a para servir de empregada doméstica à madrasta perversa.

Mas, quando tudo parece perdido, as coisas melhoram. Cinderela conhece sua fada madrinha, vai a um baile e se apaixona por um belo príncipe. Infelizmente, ela é forçada a fugir do baile à meia-noite e sua madrasta tenta impedir o príncipe de encontrá-la. Mas, no final, os dois se reencontram e vivem felizes para sempre. E a história termina.

Vonnegut poderia ter desenhado o formato da história de Cinderela mais ou menos assim:

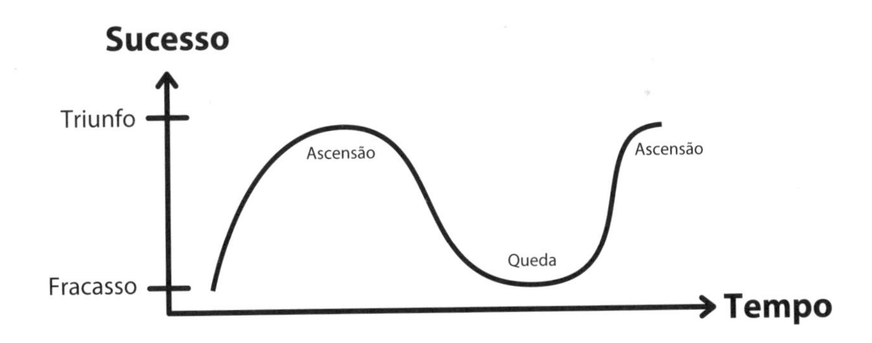

A história começa na negativa. Os pais de Cinderela morreram, e ela se torna empregada doméstica da madrasta cruel. As coisas começam a melhorar (ela é convidada para um baile e conhece um príncipe), mas depois pioram (ela tem que fugir à meia-noite). Por fim, a história termina em um ponto alto.

Dada a importância das aventuras, a ideia de que elas têm formatos é fascinante. E, nas décadas que se seguiram à tese de Vonnegut, o conceito capturou a imaginação popular. Vídeos do autor falando sobre diferentes formatos se tornaram virais, e os principais meios de comunicação afirmaram incessantemente que todas as histórias do mundo poderiam ser enquadradas em alguns padrões recorrentes.

Mas, embora a noção de formatos de história seja intrigante, identificá-los é um pouco mais desafiador. Alguns sugeriram que a história de Cinderela tem uma certa aparência, enquanto outros sugeriram formatos completamente diferentes.

Além disso, mesmo que as histórias tenham formatos, isso levanta a questão de saber se eles realmente importam. Uma coisa é notar que existem diferentes tipos de história, outra é analisar se certas formas de contar histórias realmente as tornam mais envolventes e impactantes.

Para responder a essas perguntas, eu e alguns colegas mergulhamos na ciência por trás das histórias. Começamos analisando dezenas de milhares de filmes, desde sucessos de bilheteria, como *Forrest Gump* e *Matrix*, até pequenos filmes independentes, como *O pântano* e *Matemática do amor*. Vimos filmes mais recentes, como *Jogos Vorazes* e *Argo*, e filmes mais antigos, como *Tubarão* e o primeiro Star Wars.

E, para quantificar os formatos, analisamos as palavras que eles usavam.[2]

Algumas são mais positivas do que outras, como "riso", "felicidade", "amor" e "arco-íris".[3] Elas frequentemente apareciam em situações positivas, e a maioria das pessoas tem uma sensação boa quando as escuta.

Palavras como "pandemia", "funeral", "cruel" e "choro", por outro lado, são mais negativas. Representam coisas indesejáveis que fazem a maioria se sentir mal.

Palavras como "qualquer", "repetir" e "Pittsburgh" ficam no meio do caminho. São usadas em situações tanto positivas quanto negativas e, em geral, não fazem as pessoas se sentirem particularmente felizes nem tristes (a menos que você ame ou odeie Pittsburgh).

Dividimos cada roteiro em dezenas de partes, cada uma com algumas centenas de palavras, e calculamos a média da positividade delas em cada parte. Em relação à precisão, tais medidas estão altamente correlacionadas aos julgamentos humanos, então as seções do roteiro classificadas como mais positivas ou negativas tendiam a ser vistas da mesma maneira por pessoas distintas. Partes que falavam sobre um personagem encontrar seu amor perdido, se reunir com amigos ou descobrir um tesouro escondido foram classificadas como relativamente positivas, enquanto partes que falavam sobre uma separação difícil, uma discussão ou o herói quase morrendo foram classificadas de forma mais negativa.

Em seguida, usamos essas pontuações para desenhar a trajetória emocional de cada filme, de modo semelhante à figura da história da Cinderela, de acordo com o quão positivos ou negativos eram os elementos de diferentes pontos da narrativa.

Para dar uma ideia do resultado, eis a trajetória emocional do primeiro Star Wars.

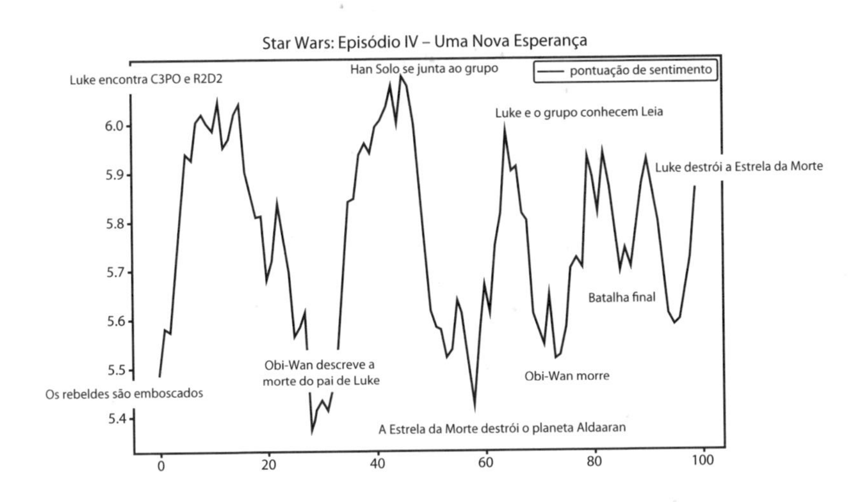

O protagonista, Luke Skywalker, é enviado em uma missão para salvar a Princesa Leia e derrotar o maligno Império Galáctico. Há partes positivas, como quando Luke faz amizade com Han Solo e quando resgata a princesa Leia e foge da Estrela da Morte. Mas também há partes negativas, incluindo quando os pais de Luke são mortos e quando o mentor de

Luke se sacrifica para permitir que outros escapem. No final, porém, a história termina com um tom positivo: Luke, auxiliado pela voz de seu mentor, destrói a nave inimiga e comemora a vitória com seus amigos.

Essa métrica, contudo, não é perfeita. A palavra "matar", por exemplo, aparece tanto quando o herói *mata* o vilão (um momento muito positivo) quanto quando alguém *mata* o melhor amigo do herói (um momento muito negativo). Da mesma forma, a palavra "destruir" não distingue se a coisa destruída foi a nave do vilão ou a fazenda do tio do herói. Mas, embora possa ser difícil determinar exatamente o que é válido para cada palavra individualmente, de modo geral, o sentimento expresso por grupos de palavras oferece uma boa noção de se algo positivo ou negativo está acontecendo.

Uma palavra positiva ou negativa não revela muito, mas examinar centenas de palavras juntas dá uma boa noção do que está acontecendo. Quando o amigo de Luke é morto ou a fazenda de seu tio é destruída, muitas outras palavras negativas estão sendo usadas. Os personagens estão tristes ou chorando, cheios de ódio ou medo. Porém, quando o vilão é morto ou sua nave é destruída, os vocábulos envolvidos são mais otimistas. Os personagens estão comemorando, vibrando, dançando ou se abraçando, e a linguagem é muito mais positiva. As palavras do roteiro revelam a natureza da ação, sem que seja preciso assistir ao filme.

Uma vez mapeados, poderíamos examinar se os filmes de sucesso tendiam a determinados padrões.

A maioria das pessoas prefere experiências positivas a negativas. Preferimos ser promovidos a ser demitidos, comer um almoço saboroso a um medíocre e visitar amigos a ir ao dentista. Inclusive, se lhes pedissem para descrever um dia ideal, a maioria o preencheria com experiências positivas e deixaria as negativas de fora.

Mas não é isso que compõe uma boa história.

Imagine uma narrativa em que tudo seja simplesmente maravilhoso. O personagem principal é amado por todos, tudo o que ele deseja é conquistado com facilidade e ele brincava por campos de girassóis enquanto os pássaros cantavam canções de felicidade. A trajetória emocional seria mais ou menos assim:

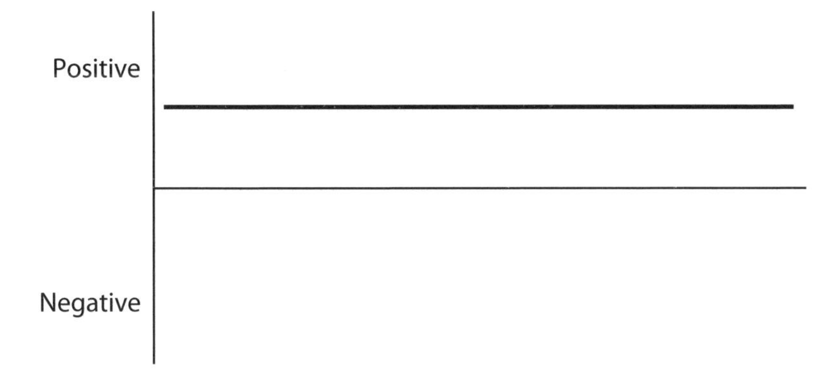

Isso pode dar um ótimo comercial de seguro de vida, mas um filme? Os potenciais espectadores provavelmente iriam procurar algo mais interessante para assistir.

Porque, embora as pessoas geralmente prefiram experiências pessoais positivas às negativas, quando se trata de livros ou filmes, a positividade sem fim seria muito chata. Quando falamos de histórias, a tensão é fundamental. Cinderela e o príncipe vão acabar felizes para sempre ou ela vai ficar lavando chão pelo resto da vida? Luke e a Aliança Rebelde vão destruir a Estrela da Morte ou o lado sombrio vai prevalecer? Se as respostas fossem óbvias, não precisaríamos terminar a trama. Mas, como não está claro o que vai acontecer, vamos ficar atentos para descobrir.

Nesse sentido, muitas histórias de sucesso seguem uma estrutura semelhante. Os personagens precisam superar várias provações e obstáculos antes de chegarem a um final feliz. Tanto em Star Wars quanto em Harry Potter, por exemplo, o herói tem que superar a morte dos pais. Ele faz amigos ao longo do caminho e as coisas começam a melhorar, mas então algo ruim acontece, e assim vai. Cada barreira ou solavanco ao longo da estrada é algo com o qual o personagem precisa lidar antes de chegar ao destino.

Nesses e em outros exemplos semelhantes, a trajetória emocional parece seguir um padrão ondulatório. Como uma cordilheira, com longas subidas até pontos altos, seguidas de longas descidas até pontos baixos. E, então, para cima de novo.

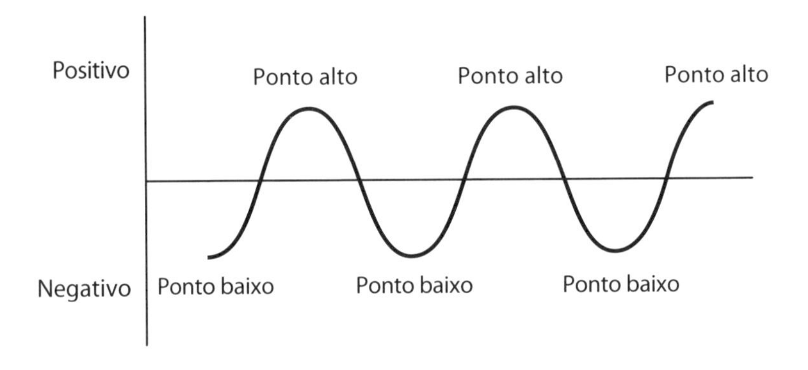

De fato, quando analisamos os filmes, descobrimos que aqueles que intercalavam momentos altamente positivos com outros fortemente negativos eram mais bem-sucedidos. Os filmes que iam várias vezes do mais baixo nível emocional ao mais alto, e vice-versa, eram mais apreciados.

Os episódios mais cativantes de *How I Built This* seguem um padrão semelhante. Um empreendedor tem uma ideia promissora, algo que ele acha que vai mudar o mundo, mas um importante fornecedor pula fora no último minuto. O empreendedor supera o desafio e começa a fechar algumas vendas, mas, quando finalmente está ganhando embalo, um grande varejista cancela uma encomenda. Como pesos nos dois lados de uma balança, as situações positivas logo são compensadas pelas negativas.

Esse padrão é uma das razões pelas quais Guy é um ótimo contador de histórias. Claro, ele pergunta aos empreendedores sobre seus sucessos. Os fornecedores que convenceram, as lojas que construíram e os clientes que atraíram.

Mas ele também indaga sobre os fracassos. Coisas que não deram certo. Dinheiro que perderam. Becos sem saída. Os "nãos" que ouviram.

Porque inserir esses pontos baixos entre os altos faz mais do que apenas humanizar as pessoas de sucesso. Rende uma história melhor.

Ouvir sobre alguém que abriu uma empresa, cresceu rapidamente e a vendeu por cem milhões de dólares não é muito intrigante. Além de não ser tão surpreendente, poucas pessoas conseguem se identificar com isso. A maioria de nós nunca teve um sucesso tão súbito e ininterrupto.

Mas ouvir falar de um empreendedor que passou sete anos construindo protótipo atrás de protótipo, apenas para vê-los serem rejeitados a cada etapa? Ou aprender sobre alguém que foi rejeitado por 279 varejistas até que o 280º finalmente dissesse sim?

Isso, sim, é interessante.

Pontos baixos, ou profundidades de desespero, tornam os pontos altos muito mais potentes. É bom ver Cinderela e o príncipe vivendo felizes para sempre, assim como é bom ver o negócio de alguém decolar. Mas essa felicidade é ainda mais doce quando parece que a história poderia facilmente ter terminado de forma diferente. As vitórias são mais bem saboreadas quando arrancadas das garras da derrota.

A história não apenas fica mais envolvente, como também faz com que os ouvintes tenham a sensação de que podem superar as adversidades em suas próprias vidas. Afinal, se essa pessoa conseguiu, por que eu não posso também?

O VALOR DA VOLATILIDADE

Dar visibilidade aos obstáculos ou passar por altos e baixos torna as histórias mais envolventes. Mas também encontramos outra coisa. Observe estas duas trajetórias:

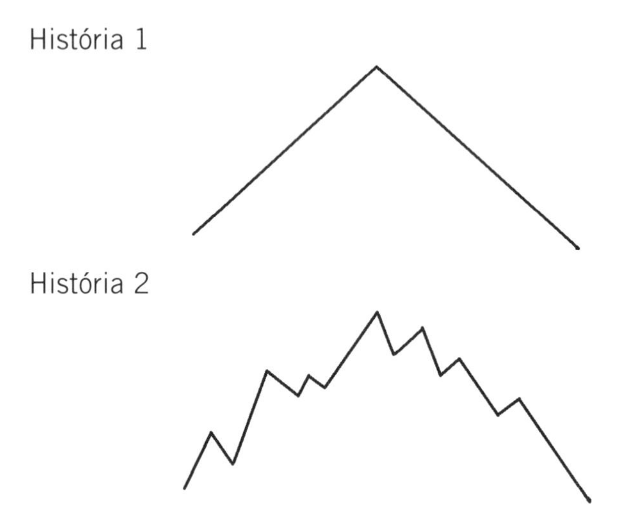

Os pontos mais altos e mais baixos são os mesmos, mas as trajetórias emocionais são bastante distintas. Na História 1, a jornada é tranquila. Os momentos são cada vez mais positivos até o ápice, quando as coisas mudam. A descida pode ser íngreme, mas é estável.

A História 2, no entanto, é muito mais acidentada. O ponto alto é o mesmo, mas, em vez de subir e descer com estabilidade, a trajetória é mais irregular. As coisas se movem em uma direção positiva, mas depois ficam mais negativas, antes de se tornarem positivas de novo.

O que é melhor, um passeio suave ou um cheio de solavancos?

Os seres humanos são incrivelmente hábeis em se adaptar a qualquer situação. É ruim terminar um relacionamento ou ser demitido, mas nos recuperamos rapidamente, olhando pelo lado bom e visualizando um futuro mais positivo.

O mesmo vale para coisas boas. Conseguir o emprego ou a casa dos nossos sonhos é ótimo no começo, mas a empolgação inicial logo arrefece.

Ganhar na loteria, por exemplo. Imagine ganhar não apenas cinco ou dez dólares, mas algo mais substancial: centenas de milhares de dólares ou, melhor ainda, alguns milhões. Qual seria a sensação? Acha que isso faria você ser mais feliz?

Quando indagada sobre como experiências assim afetaria sua felicidade, a maioria das pessoas dá a mesma resposta: "Está maluco? É *claro* que me faria mais feliz. Ganhar milhões de dólares seria fantástico. Eu poderia pagar minhas contas, comprar aquele carro esportivo, talvez até largar o emprego. Ganhar na loteria me deixaria *muito* mais feliz".

Mas, embora os benefícios de ganhar pareçam óbvios, a realidade é um pouco mais complexa. Na prática, vários estudos mostraram que ganhar na loteria, mesmo quando os valores são substanciais, tem pouco ou nenhum impacto na felicidade.[4]

Em um determinado aspecto, isso parece loucura. Como assim ganhar uma enorme quantia *não* aumenta a felicidade? Centenas de milhões de pessoas compram bilhetes de loteria, todas com a esperança de ganhar. Como é que a realização de seus sonhos não tornaria as pessoas mais felizes?

Décadas de pesquisa sobre a chamada adaptação hedônica, no entanto, descobriram que as pessoas se ajustam à situação em que se encontram.[5] Seja diante de mudanças positivas, como ganhar na loteria, ou negativas, como se machucar em um acidente grave, as pessoas se adaptam e, por fim, voltam aos níveis normais de felicidade.

E, devido a essa tendência, interromper coisas positivas com negativas pode, na verdade, aumentar o grau de prazer. Os comerciais, por exemplo. A maioria das pessoas odeia comerciais, então removê-los deveria tornar os programas de TV mais agradáveis.

Mas o oposto é verdadeiro. Na prática, os programas são *mais* agradáveis quando interrompidos por comerciais irritantes.[6] Isso porque os momentos menos agradáveis interrompem o processo de adaptação à experiência positiva do programa.

Pense em como é comer chocolate. O primeiro pedaço é delicioso: doce, derrete na boca. O segundo também é muito bom. Mas no quarto, quinto ou décimo consecutivo, o prazer já não é mais o mesmo. Nós nos adaptamos.

Intercalar experiências positivas com outras menos positivas, no entanto, pode retardar a adaptação. Comer uma couve-de-bruxelas entre os pedaços de chocolate ou assistir a comerciais entre cada bloco de um programa de TV interrompe o processo. O momento menos positivo torna o seguinte positivo novamente e, portanto, mais agradável.

Algo semelhante acontece nas histórias. Nas finanças, "volatilidade" é a palavra usada para descrever a variabilidade de uma ação, um ativo ou um mercado. Ativos mais voláteis têm maiores oscilações na avaliação. Às vezes sobem, às vezes caem, mas são tão erráticos que é difícil prever o que vai acontecer, e quando.

O mesmo vale para as narrativas. Histórias emocionalmente voláteis são imprevisíveis. As coisas podem estar indo bem de maneira geral, mas a todo momento é difícil saber se vão melhorar ou piorar. Voltando às duas histórias mostradas anteriormente, a História 2 é muito mais volátil.

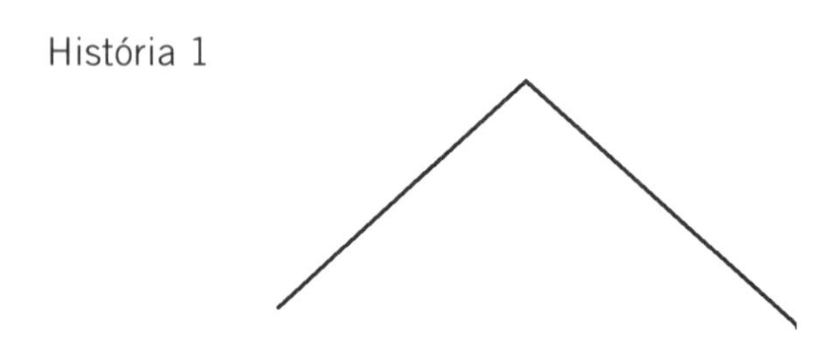

História 2

E essa imprevisibilidade torna a jornada mais estimulante e aumenta o deleite. Ao analisar milhares de filmes, descobrimos que a volatilidade de fato tornava as histórias melhores. O público fica curioso para saber o que vai acontecer na sequência e, como resultado, aproveita mais a experiência.

No entanto, roteiristas e produtores dizem que não se pode resumir algo tão complexo como um filme a uma série de dados, apenas. E eles têm razão. Filmes são complexos, e o sucesso deles depende de uma série de fatores: atuação, fotografia, música, direção e enredo são apenas alguns. A história pode ser ótima, mas se o elenco é mal escalado ou a direção é fraca, não vai funcionar. Mas dizer que filmes são complexos também não basta. Só porque eles são complicados não significa que não existam abordagens que possam deixá-los melhores.

Boas histórias, portanto, são um pouco como montanhas-russas. Primeiro, porque, como já dissemos, um passeio sem solavancos não é tão interessante. Altos e baixos tornam as coisas mais divertidas.

Além desses picos, porém, mudanças a cada momento também são importantes. Será que é esse o fundo do poço? Estamos na metade do caminho ou quase lá? Essa incerteza torna a jornada ainda mais envolvente.

Analisadas em conjunto, essas descobertas sobre a linguagem da emoção têm algumas implicações claras. Primeiro, que imperfeições podem ser um trunfo. Seja em entrevistas de emprego ou em outros ambientes públicos, as pessoas geralmente sentem a necessidade de parecer perfeitas, de varrer os erros para debaixo do tapete.

Mas esse nem sempre é o melhor curso de ação. Se uma pessoa já for vista como competente, admitir erros pode ser benéfico. Entre candidatos a emprego que já estão indo bem (fazendo a segunda entrevista), por exemplo, reconhecer abertamente erros do passado os tornou mais dignos de simpatia, não menos. Essa postura não apenas demonstra responsabilidade, como também faz com que a possibilidade de identificação seja maior. Revelar um erro do passado também pode ajudar um gerente competente a se tornar mais querido pela equipe.

O deslize, porém, deve ser relativamente pequeno. Derramar alguma coisa no casaco ou cometer um erro bobo pode aumentar o grau de identificação com as pessoas. Uma falta mais fundamental em relação ao cargo em questão provavelmente será vista de forma negativa.

Segundo, se concentrar apenas no sucesso é um erro. Quando alguém pede para que conte sua história, explique sua trajetória ou fale um pouco sobre si, a tendência é se concentrar nos pontos altos. Elas enxergam o fracasso como um sinal de constrangimento e acham que a melhor forma de se saírem bem é se concentrando nos aspectos positivos.

Esse palpite, porém, nem sempre está certo. Todo mundo enfrenta adversidades. Todo mundo erra ou fica abaixo das expectativas de vez em quando. E admitir esses desafios nos torna mais simpáticos e ajuda os outros a se identificarem com a nossa história.

Terceiro, partindo dessas ideias, ao entender o que constitui uma boa narrativa, todos nós podemos nos tornar melhores contadores de histórias. A maioria das pessoas não nasce com esse dom. Não somos aquele cara no bar que consegue ficar lá por horas e manter a atenção das pessoas.

Mas, com treinamento e prática, qualquer um pode aprender a desenvolver boas narrativas. Ao entender como elas funcionam e a ciência por trás disso, podemos tornar qualquer aventura mais impactante. Dar destaque aos obstáculos — indo dos pontos baixos aos altos, e vice-versa — e intercalar momentos positivos e negativos — tirando proveito da volatilidade emocional — pode transformar qualquer história em uma grande história.

CONTEXTO IMPORTA

Até agora, falamos sobre as emoções como positivas e negativas. Algumas coisas parecem boas, e outras, ruins. Palavras como "riso" e "felicidade" são positivas, enquanto outras como "ódio" e "choro" são negativas.

Mas há outra diferença importante que muitas vezes passa despercebida.

É sexta-feira à noite, e você está tentando escolher um restaurante. Você está fora de casa, em uma viagem, então faz uma busca na internet para decidir aonde ir. Um lugar parecia promissor, mas está em obra. Outro tem uma comida interessante, mas é longe demais do hotel.

Por fim, você se depara com dois que parecem bons. Ambos estão a uma curta distância, têm preços razoáveis e oferecem comida do seu interesse. Então, para bater o martelo, você lê algumas avaliações.

Os dois restaurantes têm críticas uniformemente positivas e são avaliados em 4,7 de 5 estrelas. "Esse lugar é incrível", diz uma crítica do primeiro, "e foi agradável comer lá". Da mesma forma, uma avaliação do segundo diz: "Este lugar é perfeito e valeu a pena comer lá".

Qual restaurante você escolheria?

Se você respondeu o primeiro, não está sozinho. Quando pediram a centenas de pessoas que fizessem uma escolha semelhante, 65% escolheram a primeira opção. E o motivo tem a ver com a diferença entre positividade e emoção.

* * *

Ao optar por um restaurante, comprar um produto ou fazer escolhas, geralmente levamos em conta as reações dos outros. Eles gostaram do restaurante ou o detestaram? As avaliações são positivas ou negativas?

Isso faz sentido. Queremos comer em bons restaurantes e evitar os ruins. Queremos comprar coisas de que as pessoas gostam e evitar as que odeiam. Consequentemente, quanto mais positivas forem as opiniões dos outros, mais achamos que vamos ter a mesma impressão.

Mas ver as coisas como positivas ou negativas, boas ou ruins, só funciona até certo ponto. Quase metade das avaliações de restaurantes no Yelp são 5 estrelas, por exemplo, e a classificação média de produtos na Amazon é de 4,2 em 5 estrelas. A maioria dos produtos e serviços recebe uma avaliação de 4 ou 5 estrelas, o que faz com que seja difícil inferir muita coisa a partir delas.

Além disso, avaliações com estrelas mais altas nem sempre são confiáveis. Ao analisar mais de cem categorias de produtos, pesquisadores descobriram apenas uma pequena relação entre a qualidade do produto e as avaliações da Amazon.[7] Da mesma forma, em muitos gêneros literários, as classificações mais altas têm pouca relação com as vendas.[8]

Portanto, se a positividade por si só nem sempre é um indicativo de qualidade ou sucesso, o que é?

Abaixo estão alguns pares de palavras que expressam o mesmo sentimento geral, ou positividade.

Lindo e Melhor

Impressionante e Notável

Infantil e Obscuro

Repulsivo e Estúpido

"Lindo" e "melhor", por exemplo, sugerem que algo é realmente bom, e "impressionante" e "notável" sugerem que algo é bom, mas não tão bom quanto. Quando centenas de pessoas foram instadas a classificar diversas palavras de acordo com o grau de positividade, "lindo" e "melhor" pontuaram 8,4 em 9, classificando-se assim entre as palavras mais positivas listadas.

O mesmo é válido para os pares negativos. "Repulsivo" e "estúpido" sugerem que algo é realmente ruim, e "infantil" e "obscuro" sugerem que algo é ruim, mas não tão ruim quanto o par anterior.

Mas, se as palavras em cada dupla expressam o mesmo grau de positivo ou negativo, elas variam em outra dimensão: o *grau de emoção*, a forma como expressam uma postura pautada em sentimentos ou reações emocionais.[9]

Quando as pessoas querem expressar uma convicção ou opinião, podem fazê-lo de várias formas. Podem dizer que *amaram*, *odiaram*, *gostaram* ou *evitaram* um filme, ou podem dizer que um restaurante era *incrível*, *fascinante*, *mediano* ou *terrível*. A comida pode ser *deliciosa* ou *repugnante*, o serviço pode ser *estelar* ou *ordinário*, e pode ser *eletrizante* ou *excelente*.

Essas palavras não apenas indicam o quanto alguém gostou de determinada coisa, mas também indicam no que essa avaliação se baseia (emoções *versus* outros fatores).

Um restaurante, por exemplo. Se alguém disser que *gosta* da comida ou que *ama* o ambiente, isso sugere que a opinião dela é baseada em sentimentos. Na reação emocional dela ao lugar. Se ela diz que a comida é *saudável* ou tem um *preço razoável*, ela também gostou, mas isso indica que sua opinião se baseia mais em pensamentos.

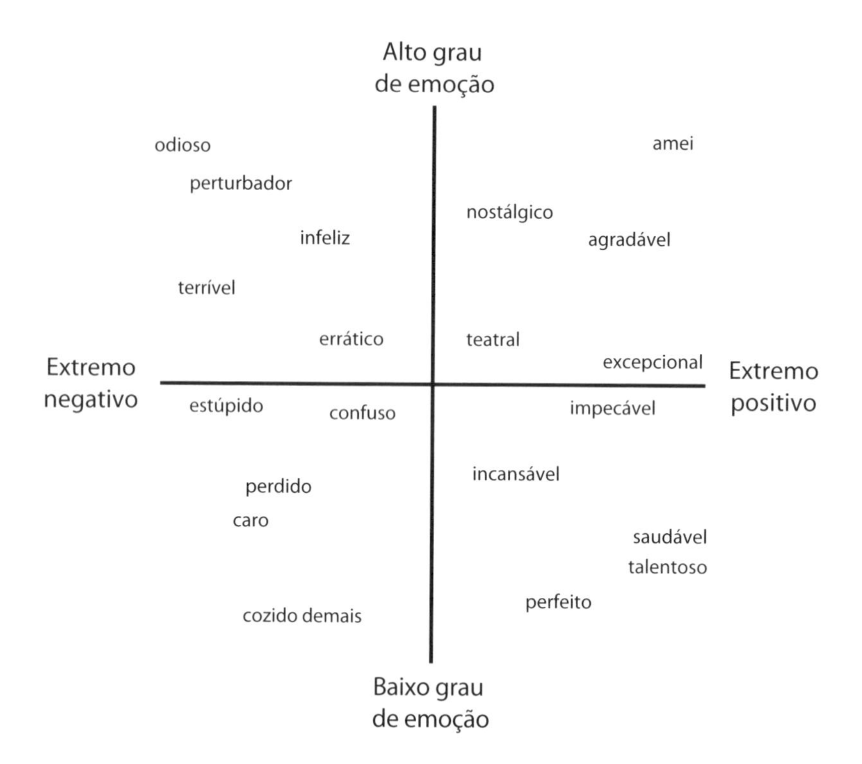

O mesmo vale para um carro. Se alguém disser que é *divertido* de dirigir ou que parece *incrível*, a opinião é baseada mais em sentimentos. Se alguém diz que é *bem projetado* ou que tem bom *rendimento*, os sentimentos estão desempenhando um papel menor.

De modo geral, as palavras podem ser organizadas com base não apenas na positividade e negatividade, como sinal de bom ou ruim, mas também no grau de emoção ou se incitam uma reação baseada em sentimentos.

Restaurantes com críticas mais emotivas obtêm mais reservas, filmes com críticas mais emotivas têm melhor bilheteria e livros com críticas mais emotivas vendem mais exemplares.[10] O uso desse tipo de linguagem sugere que as pessoas têm convicções mais fortes, o que pode fazer com que suas experiências tenham um impacto maior sobre os outros.[11]

Mas a linguagem emotiva nem sempre é persuasiva. Ela estimula ou não a ação dependendo do *tipo de coisa* sobre a qual estamos tentando convencer as pessoas.

Produtos ou serviços podem ser descritos como mais lúdicos ou mais práticos. Música, flores e outros itens lúdicos são consumidos pelo prazer e pela diversão que proporcionam. Ouvimos música, porque é divertido, e compramos flores, porque nos fazem felizes.

Cola, combustível, torradeiras e outros objetos práticos, ao contrário, são consumidos por motivos mais funcionais. Usamos cola para consertar uma cadeira, combustível porque faz nosso carro andar, e compramos uma torradeira, ora, para fazer torradas. Os objetos práticos são de natureza mais cognitiva ou instrumental, comprados para atender a uma necessidade. Além disso, em um mesmo produto, certos atributos podem ser mais práticos, enquanto outros são mais lúdicos. O amortecimento de um tênis de corrida, por exemplo, ou o consumo de combustível de um carro são atributos práticos, enquanto a cor dos tênis e o design do carro são de natureza mais lúdica.

Quando pesquisadores analisaram o impacto da linguagem emotiva em dezenas de milhares de avaliações da Amazon, descobriram que ela teve implicações diferentes nesses dois tipos de domínio.[12]

Como mencionado, em relação a coisas lúdicas (música, filmes e livros), a linguagem emotiva aumentou o impacto. Avaliações deste tipo foram mais úteis e deixaram os consumidores mais interessados em fazer uma compra.

Voltando à escolha do restaurante, em muitos aspectos os dois restaurantes foram descritos de forma semelhante. Ambos usam palavras extremamente positivas.

Restaurante 1	Restaurante 2
"Este lugar é incrível, e foi agradável comer lá."	"Este lugar é perfeito e valeu a pena comer lá."

Mas, enquanto as palavras eram igualmente positivas, a descrição do Restaurante 1 usava uma linguagem mais emotiva. A palavra "incrível" é mais emotiva do que a palavra "perfeito", e "agradável" causa mais emoção do que "valeu a pena".

O aumento do grau de emoção, por sua vez, levou mais pessoas a escolher aquele estabelecimento.

Já para os objetos práticos, ocorreu o contrário. Para navalhas, a emoção foi um tiro no pé. As avaliações emotivas foram *menos* úteis, deixando as pessoas menos dispostas a comprar o que quer que estivesse sendo avaliado.

Porque, se a emocionalidade é boa para coisas lúdicas, é ruim para as mais práticas. Ao escolher e usar produtos e serviços lúdicos, a emoção é um fator decisivo. As pessoas querem que os carros esportivos sejam emocionantes; os filmes, envolventes; e as férias, divertidas. Então, quando palavras emotivas são usadas para descrevê-los, todos imaginam que vão gostar mais deles.

Mas ao escolher e usar produtos e serviços práticos, evocar emoções não é propriamente o objetivo. As pessoas querem uma cola que seque rápido, um combustível barato e uma torradeira que faça torradas com facilidade. Objetos práticos são comprados para executar uma tarefa, e as pessoas os escolhem porque seus pensamentos (no lugar das emoções) sugerem que eles farão essa tarefa bem.

Sendo assim, embora alguém possa dizer que um liquidificador é "incrível" ou "sensacional", isso não necessariamente faz com que outras pessoas queiram comprá-lo. Inclusive, essa linguagem emotiva, em geral, sai pela culatra, porque contradiz as expectativas das pessoas em relação ao que estão buscando, a ponto de reduzir a confiança no que foi dito e na pessoa que disse.

Portanto, é importante levar em conta não apenas a positividade da linguagem, como também o grau de emoção.

Ao anunciar um produto, apresentar uma ideia ou até "vender" a si mesmo, geralmente usamos uma linguagem positiva. Nosso produto é "excelente", nossa ideia é "inovadora" e somos "trabalhadores". A comida é "fantástica", o *blockchain* é "revolucionário" e nossas habilidades de escrita são "excelentes". (De fato. São, sim. Eu juro.)

Mas não basta apenas dizer coisas positivas. O contexto importa. "Brilhante", "incrível", "excelente" e "soberbo" são palavras que sugerem que algo é muito, muito bom. Mas diferem no grau de emoção que invocam e, consequentemente, podem ser mais ou menos eficazes a depender do contexto.

Um produto, serviço ou experiência que será anunciado, por exemplo, é mais lúdico ou mais prático? As pessoas estão comprando por prazer e divertimento, ou por razões mais funcionais e pragmáticas?

Se tem mais a ver com diversão, palavras emotivas como "incrível" e "lindo" caem muito bem. Dizer que um filme é "comovente", um destino de férias é "inspirador" ou um aplicativo de meditação é "fantástico" não apenas sugere que essas coisas são boas, mas faz isso de uma forma que estimula a compra e a ação.

Se o produto, serviço ou experiência tem mais a ver com funcionalidade, no entanto, esses mesmos termos positivos podem jogar contra. Palavras menos emotivas, como "brilhante", "impecável" e "perfeito" serão mais persuasivas. Chamar um aplicativo de transcrição de "brilhante", em vez de "incrível", por exemplo, incentiva a compra e o uso.

O mesmo vale quando nos descrevemos. Seja ao redigir um currículo, preencher um formulário de emprego ou montar um perfil em uma plataforma de relacionamentos, estamos o tempo todo nos "vendendo" para os outros. Claro, devemos dizer coisas positivas em vez de negativas, e usar palavras como "diversão" em perfis de namoro, mas não em formulários de emprego. Mas vai além disso.

Para coisas como currículos e formulários, a maioria dos avaliadores tem uma perspectiva prática. Assim como na hora de comprar um produto para atender a uma necessidade, eles procuram pessoas que possam resolver um problema ou agregar valor.

Portanto, não basta sair listando adjetivos positivos; é preciso escolher os adequados. Na maioria das situações, menos emoção tende a ser melhor, e a linguagem emotiva pode ter um efeito adverso — a menos que a empresa se orgulhe de sua cultura corporativa ou de os funcionários serem "como uma família".

Espaços como perfis de namoro, no entanto, geralmente são de natureza mais lúdica. As pessoas não estão buscando resolver um problema, mas, sim, alguém que as faça felizes. Portanto, a emoção costuma ser mais profícua.

Não apenas palavras positivas, mas o *tipo* certo.

Os benefícios da linguagem emotiva também variam de acordo com as interações sociais. Muitas conversas são voltadas para a conquista de alguma coisa. Reuniões tratam da tomada de decisões, ligações para o atendimento ao cliente tratam da resolução de um problema e apresentações de vendas tratam do fechamento de um negócio.

E, embora as pessoas muitas vezes achem que faz sentido abordar o problema em questão, essa não é de fato a melhor estratégia. Quando analisamos centenas de conversas de solução de problemas, descobrimos que era fundamental primeiro estabelecer uma conexão,[13] começando com uma linguagem mais calorosa e emotiva antes de mergulhar nos problemas em si.

A construção (ou manutenção) do relacionamento ajuda a preparar o terreno para o que vem a seguir. Fortalece a conexão social e estabelece uma troca mútua.

Por conta disso, uma linguagem calorosa e emotiva é particularmente útil no início de uma conversa. No contexto do atendimento ao cliente, por exemplo, fazer uma pergunta como "Como posso *ajudá-lo*?" (que usa uma linguagem mais emotiva), em vez de "Como posso *resolver* seu problema?", é mais eficaz.

Mas, embora começar com a linguagem emotiva seja benéfico, isso só funciona até certo ponto. Ser simpático é bom, porém eventualmente decisões precisam ser tomadas e problemas precisam ser resolvidos.

E é aí que a linguagem menos emotiva e mais cognitiva se torna importante. Quando os funcionários de atendimento usaram a linguagem emotiva no início das conversas e a linguagem cognitiva no meio, os clientes ficaram mais satisfeitos com a interação e compraram mais depois.

Não apenas resolva. E não basta se conectar.

Conecte-se, e aí, sim, resolva.

ATIVE A INCERTEZA

Positividade e emoção são duas formas pelas quais as palavras podem transmitir sentimentos e ter um impacto em posturas e ações. Mas existe mais um aspecto que vale ser mencionado.

Como qualquer pessoa que já fez uma apresentação pode atestar, manter a atenção do público é um desafio. Reuniões virtuais só pioraram isso. A apresentação é apenas mais uma janela na tela dos outros, que já estão com o e-mail aberto, e é fácil fingir que se está prestando atenção enquanto faz outra coisa.

Criadores de conteúdo enfrentam uma batalha semelhante. De editores e empresas de mídia a profissionais de marketing e influenciadores, todos estão tentando atrair e prender a atenção dos outros. Mas a grande variedade de opções disponíveis torna isso cada vez mais difícil. Notícias aparecem ao lado de dezenas de alternativas e, em vez de ler uma reportagem inteira, a maioria das pessoas passa os olhos rapidamente e depois começa a ler outra coisa.

Nesse cenário de distração sem fim, muitas vezes a sensação é a de que coisas "interessantes" prosperam e que todo o resto está fadado ao fracasso. Matérias sobre novos aparelhos tecnológicos, fofocas sobre celebridades ou placares esportivos atraem muita atenção, enquanto temas mais importantes, como a mudança climática ou apresentações sobre segurança da informação, fazem todo mundo começar a bocejar.

Será então que os enunciadores de temas menos atraentes estão fadados ao fracasso? Ou pode haver formas de aumentar o engajamento, mesmo para assuntos que parecem ser menos cativantes?

Uma abordagem comum é usar algo como *clickbait*. Manchetes sensacionalistas como "Antes de renovar o Amazon Prime, leia isto" ou "Seis razões comuns pelas quais você está ganhando peso" oferecem *teasers* que incentivam as pessoas a clicar para saber mais.

Apresentações ruins geralmente adotam táticas semelhantes, como usar ilustrações supérfluas, fotos de celebridades ou outros truques para chamar a atenção e fazer tudo parecer mais relevante do que é.

Mas, embora técnicas como essas possam ser tentadoras, elas não são tão eficazes quanto parecem.

O *clickbait* é ótimo para chamar a atenção, mas raramente a retém. Enquanto manchetes como "Médico renomado revela o pior carboidrato que você está comendo" levam os leitores em potencial a clicar (Que carboidrato é esse?! Eu quero saber!), assim que eles começam a ler o artigo, na maioria das vezes, ficam decepcionados. Claro, o texto diz alguma coisa sobre carboidratos, mas raramente faz jus às promessas sensacionalistas alardeadas na chamada. Assim, as pessoas clicam, leem algumas frases e vão embora. Nunca terminam a matéria de fato.

O mesmo vale para truques de apresentação. Às vezes, eles arrancam uma risada ou fazem as pessoas tirarem o olho de seus laptops, mas, no fundo, não fazem as pessoas se envolverem a fundo com o conteúdo. Chamam a atenção, mas não a prendem.

Nessas situações e em outras semelhantes, a distinção entre atrair e prender a atenção é fundamental. Os remetentes não querem apenas que os destinatários abram seus e-mails, querem que eles sejam lidos. Líderes não querem apenas que os funcionários assistam às suas apresentações, querem que eles escutem e internalizem o que foi dito. E organizações sem fins lucrativos, criadores e profissionais de marketing não querem apenas que o público dê uma olhada em seus resumos de políticas, vídeos do YouTube e relatórios, querem que eles continuem ali, para consumir todo o conteúdo.

Para explorar o que realmente chama a atenção, alguns colegas e eu analisamos como quase um milhão de pessoas consumiram dezenas de milhares de artigos online — não apenas se alguém clicou em um, mas quanto leu; se leram a chamada e passaram para outra coisa ou se continuaram a ler por alguns parágrafos; se passaram os olhos pela introdução e saíram, ou se leram tudo até o fim.

Alguns assuntos tiveram melhor desempenho do que outros na hora de prender a atenção dos leitores. Matérias sobre esportes, por exemplo, tendiam a gerar leituras mais demoradas do que notícias mundiais; e resenhas de restaurantes tendiam a prender mais a atenção do que reportagens sobre educação.

Mas, mesmo descontando sobre o *que* os artigos tratavam, o modo *como* eles foram escritos também importava. Em particular, a linguagem emotiva aumentou o engajamento. Quanto mais linguagem emotiva um artigo usava, maior a probabilidade de que o público desse continuidade à leitura.

Olhando mais a fundo, porém, descobrimos que nem todas as emoções têm o mesmo impacto. Enquanto algumas estimulavam a atenção sustentada, outras, na verdade, tinham o efeito oposto. Havia uma probabilidade 30% maior de as pessoas lerem até o fim um artigo que as deixasse ansiosas, por exemplo, do que um que as deixasse tristes.

E, para entender o porquê disso, temos que entender como a linguagem emotiva molda a forma como as pessoas enxergam o mundo.

A raiva e a ansiedade, por exemplo. Ambas são estados negativos. Sentir raiva não é bom, nem se sentir ansioso.

Mas, apesar de essas duas emoções serem semelhantes em alguns aspectos, uma nos faz sentir muito mais certeza do que a outra.

Pense na última vez que você sentiu raiva. Uma companhia aérea perdeu sua mala, um árbitro não marcou uma falta ou um funcionário de atendimento ao cliente desligou na sua cara depois de você ter ficado na espera.

Você provavelmente se sentiu cheio de razão. É claro que a companhia aérea, o árbitro ou a empresa estragou tudo, e que a culpa foi deles. Quando estamos com raiva, tendemos a nos sentir bastante confiantes. Em vez de dúvida ou hesitação, a raiva geralmente envolve uma indignação justa ou a convicção de que estamos certos, e os outros, errados.

A ansiedade, no entanto, raramente envolve tal certeza. Pense na última vez que você se sentiu ansioso. Talvez estivesse com medo de que a companhia aérea tivesse perdido sua mala, nervoso com a possibilidade de o seu time perder o jogo ou preocupado com a possibilidade de ficar esperando por mais trinta minutos. A ansiedade é incerta. Geralmente, envolve dúvida, ambiguidade ou insegurança. Você não sabe o que vai acontecer, e tem medo de que possa ser algo ruim.

Dependendo da situação, a tristeza pode ser associada à certeza ou à incerteza. Às vezes, nos sentimos tristes e certos (por exemplo, quando um cachorro morre ou um amigo muda de cidade), e outras vezes nos sentimos tristes e incertos (por exemplo, quando um cachorro está doente ou um amigo está pensando em se mudar).

As emoções positivas também têm diferentes graus de certeza. O orgulho é relativamente ligado à certeza, enquanto a esperança costuma estar relacionada à incerteza.

	Positivo	**Negativo**
Certeza	Felicidade Orgulho Animação	Raiva Repulsa
Incerteza	Surpresa Esperança	Ansiedade Surpresa

Ocorre que essas diferenças têm um impacto importante na atenção sustentada. Analisando milhares de conteúdos, descobrimos que emoções incertas estimulavam o engajamento. A linguagem que evocava essas emoções (por exemplo, ansiedade e surpresa) fazia os leitores continuarem a ler, enquanto a linguagem que evocava emoções com grau de certeza (por exemplo, repulsa) tinha o efeito oposto.

A incerteza levou os leitores a continuar ali, de modo a desvendar o que não sabiam. Se não tivessem certeza do que aconteceria a seguir ou como algo terminaria, ficavam atentos para descobrir. Assim como não saber se vai chover pode estimular alguém a conferir a previsão do tempo, não saber o que vai acontecer levou as pessoas a continuar lendo, para sanar aquela incerteza.

* * *

Essas descobertas têm algumas implicações importantes.

Primeiro, como em muitas coisas sobre as quais falamos, não têm a ver apenas com o que está sendo falado, mas com *como* está sendo falado. Claro, alguns assuntos, conceitos, apresentações ou conteúdos tendem a ser naturalmente mais interessantes do que outros. As pessoas ficam mais empolgadas para saber como podem dobrar seu salário do que como economizar o dinheiro da empresa em passagens aéreas. Da mesma forma, artigos sobre segredos da perda de peso podem atrair maior interesse do que outros sobre a mudança climática ou políticas fiscais.

Mas não é que algumas coisas sejam inerentemente interessantes e o resto esteja fadado ao fracasso. Usando a linguagem certa, as palavras mágicas certas, podemos reter a atenção para qualquer coisa, seja um assunto emocionante ou não.

Esta é uma boa notícia para indivíduos e empresas que estão tentando aumentar o engajamento em assuntos aparentemente menos estimulantes. Embora a área em si possa não ser a mais atraente, usar a linguagem certa pode fazer a ponte. Ao criar apresentações, escrever e-mails ou gerar conteúdo de forma geral, escolher as palavras certas tem o poder de tornar tudo mais envolvente. O estilo compensa o assunto.

Segundo, a linguagem emotiva é uma ferramenta poderosa para aumentar o engajamento. Muitas vezes, achamos que expor os fatos é a forma correta de persuadir. Liste atributos para estimular os clientes a comprar, liste razões para encorajar os colegas a mudar de ideia ou encha a apresentação com estatísticas intermináveis para mostrar que algo é importante. Os fatos são úteis, sim — às vezes.

Mas eles têm um potencial equivalente de embalar o sono do público. Ou de fazê-lo aproveitar a apresentação para dar uma olhada nas redes sociais ou colocar os e-mails em dia.

É difícil convencer pessoas se não conseguimos prender a atenção delas, e é aí que a linguagem emotiva pode ajudar. Quer fazer as pessoas mudarem de opinião sobre alguma coisa? Não basta dizer por que aquilo é importante. Use a linguagem emotiva para fazê-las dar importância e prestar atenção.

Terceiro, embora a linguagem emotiva consiga aumentar o engajamento, é fundamental escolher as emoções certas. Claro, algumas são positivas e outras, negativas, mas não se trata apenas de fazer as pessoas se sentirem bem e evitar que se sintam mal. Na prática, fazer as pessoas se sentirem orgulhosas ou felizes pode deixá-las menos propensas a ouvir o que você tem a dizer.

Porque reter a atenção não diz respeito apenas a fazer as pessoas se sentirem bem ou mal, e sim a estimular a curiosidade e a vontade de aprender mais. Emoções com maior grau de incerteza, ou uma linguagem incerta, em geral, mantêm as pessoas engajadas. Se elas já sabem quem vai ganhar o jogo, não há por que assistir ao resto, mas, se o resultado está no ar, elas ficam atentas para descobrir.

Fazendo mágica

A maioria das pessoas gostaria de ser mais eficaz ao se comunicar. Contar histórias de um jeito melhor, ter conversas melhores, fazer apresentações melhores ou criar conteúdos melhores. Ao compreender o valor da linguagem emotiva, podemos fazer tudo isso e muito mais. Para alavancar o poder das emoções:

1. **Dê visibilidade aos obstáculos.** Desde que já sejamos vistos como competentes, revelar os contratempos do passado pode fazer com que as pessoas gostem mais de nós, não menos.
2. **Construa uma montanha-russa.** As melhores histórias alternam altos e baixos. Portanto, para aumentar o engajamento, saiba quando ser negativo. Falar sobre os fracassos ao longo do caminho torna os sucessos ainda mais doces.
3. **Mescle os momentos.** A mesma intuição também se aplica aos momentos. Passeios suaves são mais agradáveis, mas não são os mais atraentes, então, para prender a atenção das pessoas, misture um pouco de tudo.
4. **Leve o contexto em consideração.** Ao tentar persuadir alguém, não basta apenas dizer coisas positivas. A linguagem emotiva pode ajudar em domínios lúdicos, como filmes e viagens de férias, mas é um tiro no pé em domínios mais práticos, como formulários de emprego ou softwares.
5. **Conecte-se, e aí, sim, resolva.** Resolver problemas exige entender as pessoas. Portanto, em vez de pular direto para a solução, conecte-se

primeiro com o outro. Começar com uma linguagem mais calorosa e emotiva ajuda a preparar o terreno para as discussões mais cognitivas e voltadas para a resolução de problemas que virão a seguir.

6. **Ative a incerteza.** Usar as palavras adequadas pode tornar qualquer assunto ou apresentação mais cativante. Evocar emoções com algum grau de incerteza (por exemplo, a surpresa) mantém as pessoas engajadas.

Ao entender a linguagem das emoções, podemos moldar a forma como somos percebidos, nos tornar melhores contadores de histórias, cativar o público e criar conteúdos mais envolventes.

A seguir, vamos analisar o último tipo de palavras mágicas, as que sugerem semelhança.

6

Beneficie-se das semelhanças (e das diferenças)

Por que algumas pessoas são promovidas e outras, não? Por que algumas músicas se tornam hits enquanto outras fracassam? E o que leva determinados livros, filmes e programas de TV a se tornarem sucessos de bilheteria?

Para responder a essas perguntas, precisamos partir de um ponto bem distante. E esse ponto é uma garrafa de cerveja.

Em um certo mês de janeiro, Tim Rooney tomou sua primeira garrafa de 400 Pound Monkey, da cervejaria Left Hand. Não fazia o tipo dele. Era boa, mas não era ótima; um pouco adocicada, um pouco amanteigada e extremamente amarga. Em suma, meio fraca. Na melhor das hipóteses, 3 de 5 estrelas.

Nos anos que se passaram desde então, Tim provou várias cervejas. É difícil saber exatamente quantas, mas ele experimentou pelo menos 4.200 rótulos. Porque foi esse o número de cervejas que ele avaliou no RateBeer.com: lagers e ales, pilsens e porters, sours e stouts. De marcas famosas, que você encontra no supermercado (por exemplo, Michelob Light) a cervejarias artesanais das quais você provavelmente nunca ouviu falar (por exemplo, Bourbonic Plague, da Cascade Brewing, e Rumpkin, da Avery Brewing Company).

Sua preferida foi a The Abyss, da Deschutes Brewery (5 estrelas: "O corpo é espesso e extremamente denso, oleoso, carbonatação suave, com um fim longo e ligeiramente amargo. Incrível!"). A que menos gostou foi a Cave Creek Chili Beer, da Black Mountain Brewing Company (0,5 estrela: "Eu amo pimenta e amo cerveja, mas essa porcaria é TERRÍVEL. Simplesmente não é uma boa combinação. Dei dois goles e joguei o resto na pia."). Entre uma e outra estão milhares de marcas descritas como "ligeiramente adocicadas" a "limpas e nítidas, com uma coloração dourada".

Tim é um entre centenas de milhares de zitófilos, ou amantes de cerveja, que usam o RateBeer. O site foi fundado em 2000, como um espaço para os apreciadores da bebida trocarem informações e compartilharem opiniões, e, desde então, os usuários já forneceram mais de onze milhões de avaliações. Hoje, é uma das fontes mais prestigiadas, embasadas e precisas de informações sobre cerveja.

Mas, em 2013, alguns cientistas de Stanford se interessaram pelo site por um motivo bem diferente. Eles queriam estudar mudanças linguísticas.

Grupos estão em fluxo constante. Novos membros entram, antigos saem, e, em consequência disso, tudo está sempre mudando. Um grupo de colegas de trabalho pode ter o hábito de almoçar na sala de reunião, por exemplo, mas, à medida que os veteranos se aposentam e novos funcionários entram, o interesse pode minguar.

Os pesquisadores estavam interessados nessas mudanças, mas no contexto da linguagem. Como as palavras que os membros do grupo usam evoluem com o tempo? Os novos mudam seu linguajar à medida que se adaptam ao grupo? Essas alterações podem fornecer informações sobre quais usuários têm maior probabilidade de permanecer por um longo prazo?

O RateBeer forneceu o campo de teste perfeito. As avaliações de cada mês serviam como um instantâneo de como as pessoas estavam usando a linguagem a cada momento. E, como muitos usuários haviam escrito várias avaliações, os pesquisadores puderam acompanhar com facilidade a forma como a linguagem deles evoluiu, desde que ingressaram na comunidade até o momento em que pararam de postar.

Tomemos o cheiro de uma cerveja como exemplo. Nos primeiros anos do site, os usuários tendiam a usar a palavra "aroma" nesses debates (por exemplo, "Tinha um leve aroma de lúpulo"). Com o tempo, porém, eles pararam de usar esse termo e o substituíram pela letra S, inicial de *smell*, "cheiro" em inglês ("Tinha um leve S de lúpulo").

O uso de palavras relacionadas a frutas (como "pêssego" e "abacaxi") também mudou. Mesmo em resenhas de uma mesma cerveja, com o passar do tempo os usuários começaram a usar mais palavras que faziam referências a frutas ("leves notas cítricas" ou "sabor tropical") para descrever os sabores e as sensações de uma cerveja. A bebida em si não mudou, mas o modo como as pessoas a descreveram, sim.

Ninguém enviou um memorando dizendo às pessoas para descrever dessa maneira, e não houve uma reunião em que todo mundo concordou em mudar o vocabulário. Mas, com o tempo, a terminologia mudou. À semelhança de um organismo vivo, a linguagem do grupo se transformou.

Essa transição também ocorreu a nível individual. À medida que os usuários passavam mais tempo no site, começaram a adotar a linguagem da comunidade. Comparar as primeiras avaliações de alguém com as últimas mostrou diferenças marcantes. As pessoas não apenas usaram muito mais termos relacionados à fabricação de cerveja, como "carbonatação" e "renda" (os vestígios deixados no copo pelo colarinho), como também usaram menos palavras como "eu" ou "meu". Eles eram menos inclinados a escrever "Eu acho..." ou "Na minha opinião...", e mais propensos a se adequarem ao padrão das avaliações do site, que se pareciam com uma listagem de fatos objetivos.

Para obter uma análise mais abrangente, os pesquisadores calcularam o grau de semelhança entre o vocabulário de cada usuário e o do restante da comunidade. O quão semelhantes as palavras que eles usavam eram às do resto das críticas escritas no RateBeer naquele momento.

Eles descobriram que o comportamento das pessoas no site pode ser dividido em dois estágios distintos. Quando os usuários tinham acabado de entrar, eram relativamente flexíveis. Eles aprendiam o jargão da comunidade e começavam a usá-lo por conta própria, adotando quaisquer convenções que os demais estivessem empregando na época.

Após esse período inicial de acomodação, no entanto, os usuários entraram em uma fase mais conservadora. Eles pararam de acomodar novas palavras e frases, e o vocabulário se consolidou. A comunidade e suas normas continuaram em evolução, mas os usuários mais antigos não aderiam ao movimento.

O vocabulário também ajudou a prever por quanto tempo os usuários continuaram a publicar no site. Alguns permaneceram por anos, enquanto outros saíram depois de poucos meses. Mas o vocabulário deles forneceu um indício relevante do que acabariam por fazer. Os usuários que adotaram menos convenções linguísticas do site ou que haviam tido um período mais curto de acomodação vocabular apresentavam maior probabilidade de sair. Com base nas primeiras avaliações, era possível prever quanto tempo eles se manteriam engajados.

Era factível prever suas ações futuras por meio da linguagem, mesmo que eles próprios ainda não tivessem se dado conta disso.

* * *

Os primeiros cinco capítulos deste livro falaram sobre diferentes tipos de palavras mágicas: que ativam identidade e autonomia; que transmitem confiança; que fazem as perguntas certas; que comunicam concretude; e que expressam emoção.

Mas, para entender verdadeiramente a linguagem e seu impacto, precisamos colocá-la em contexto. Ver a relação entre o vocabulário de alguém e as palavras usadas pelos outros.

E é aí que entra o estudo da cerveja. Porque, em vez de sugerir que algumas palavras são boas e outras, más, ele destaca a importância da *semelhança linguística*. Nesse caso, as pessoas cujo vocabulário casava com o do grupo tendiam a permanecer por mais tempo.

A continuidade da contribuição a uma comunidade virtual, porém, é apenas uma das inúmeras coisas que a semelhança ajuda a explicar. E, para tirar proveito do poder dela, precisamos saber (1) quando sinalizar semelhança, (2) quando ser diferente e (3) como traçar a progressão adequada.

SINALIZE SEMELHANÇA

A cultura organizacional deu origem a um debate inflamado. Construir uma cultura forte, mantê-la e contratar os candidatos adequados.

Mas o que é uma cultura organizacional? Além de uma vaga noção de crenças e valores, ela pode ser realmente medida? E será que a adaptação à cultura organizacional tem implicações no desempenho dos funcionários?

Assim como as comunidades cervejeiras na internet têm uma terminologia e uma norma linguística, as empresas também. Diferentes tribos têm diferentes jargões. Os fundadores de start-ups falam em *pivoting*, os varejistas falam de *omnichannel* e os investidores de Wall Street falam sobre *pikers* e *junk up*.

No entanto, para além das gírias e dos jargões, existem outras formas pelas quais empresas ou setores inteiros usam a linguagem de maneira diferente. Alguns tendem a usar frases mais curtas e picotadas, enquanto outros podem usar frases mais longas. Alguns podem usar uma linguagem mais concreta, enquanto outros podem falar de modo mais abstrato.

Para estudar a correlação entre vocabulário e sucesso no trabalho, uma equipe de cientistas analisou uma fonte de dados na qual normalmente não pensamos muito: o e-mail.[1] Ao contrário dos usuários do RateBeer, funcionários não escrevem avaliações online. Mas escrevem e-mails. Muitos. E-mails pedindo informações aos colegas e e-mails dando feedback sobre o trabalho dos outros. E-mails compartilhando rascunhos de apresentações e e-mails agendando uma reunião com um cliente. São milhares de registros sobre todos os assuntos imagináveis.

Só por diversão, tire um minuto, abra a pasta "Enviados" e verifique o que tem lá. Pode parecer só trabalho normal e coisas pessoais. Trivial, mesmo. E, muitas vezes, é. Mas não é apenas qualquer trabalho ou quaisquer coisas pessoais. É o *seu* trabalho e as *suas* coisas pessoais.

Esses registros sobre o cabeçalho de um determinado documento ou sobre que imagem deve aparecer no slide 23 de uma apresentação do PowerPoint podem parecer insignificantes, mas formam um instantâneo do que está acontecendo em sua vida profissional. Não apenas a trajetória de vários projetos e decisões, mas a forma como você evoluiu como colega, líder e talvez até como amigo. São cacos de cerâmica ou resquícios daquela antiga civilização que é sua vida corporativa. E, consequentemente, isso fornece muitas informações sobre você e sobre como mudou ou não ao longo do tempo.

Cientistas analisaram cinco anos de dados, mais de dez milhões de e-mails trocados entre centenas de funcionários de uma empresa de médio porte. Tudo que a Susan da contabilidade enviava para o Tim do RH, e tudo o que a Lucinda de vendas mandava para o James de pesquisa e desenvolvimento. E, em vez de ver quantos e-mails foram enviados ou para quem foram enviados, os pesquisadores analisaram as palavras usadas por cada um.

É aqui que o estudo fica ainda mais interessante. Porque, em vez de focar o conteúdo (por exemplo, cabeçalhos de documentos ou slides do PowerPoint), os pesquisadores se concentraram em algo completamente diferente: o estilo linguístico do funcionário.

Ao ler um e-mail, falar ao telefone ou analisar qualquer tipo de comunicação, tendemos a nos concentrar no conteúdo. Este capítulo é um exemplo. Se pedirem para você refletir sobre vocabulário, você provavelmente pensaria no assunto que está sendo debatido. O capítulo começou falando sobre uma comunidade virtual de avaliação de cervejas, antes de passar para uma discussão sobre a linguagem do e-mail.

O mesmo pode ser dito sobre o e-mail. Se alguém lhe pedisse para olhar sua caixa de entrada e saída e fazer um relatório do vocabulário utilizado, você se concentraria nos temas principais. Havia um monte de e-mails sobre tal reunião, outros sobre um projeto específico e alguns sobre aquela grande festa de despedida que você planejou para um colega que estava se aposentando.

Todos esses exemplos são de conteúdo. O assunto, o tema ou a substância do que estava sendo discutido.

Mas, embora o conteúdo seja visivelmente importante, há outra dimensão que muitas vezes passa despercebida: o *estilo linguístico*. Vejamos a frase: "Eles disseram para fazer o acompanhamento daqui a umas duas semanas". O conteúdo (acompanhamento em duas semanas) oferece uma noção do que está acontecendo, mas incorporadas ao conteúdo estão palavras como "eles", "para" e "umas".

Esses pronomes, artigos e outras palavras de estilo geralmente desaparecem em segundo plano. Muitas vezes, nem percebemos que estão ali. Inclusive, mesmo depois de mencioná-las, você talvez tenha tido que procurar com atenção para encontrá-las. São quase invisíveis. As pessoas passam por cima delas enquanto miram nos substantivos, verbos e adjetivos que compõem o conteúdo linguístico, ou seja, o que foi dito.

Porém, apesar de muitas vezes serem ignoradas, as palavras de estilo fornecem muitas informações. Existe um limite para a flexibilidade do conteúdo que está sendo comunicado. Se alguém perguntar quando um cliente disse para fazer o acompanhamento e a resposta for "em umas duas semanas", provavelmente será necessária alguma versão dessas palavras para comunicar a ideia.

Mas *como* comunicamos essa ideia depende de nós. Poderíamos dizer: "Eles disseram para fazer o acompanhamento em umas duas semanas", "Seria bom fazer o acompanhamento daqui a umas duas semanas" ou um sem-número de variações. E, embora essas diferenças possam parecer pequenas, elas fornecem informações sobre os comunicadores, porque refletem a forma como as pessoas se comunicam. Tudo, desde personalidade e preferências até o quão inteligentes as pessoas são, e se estão mentindo ou falando a verdade.[2]

Os pesquisadores analisaram o estilo linguístico dos funcionários. Em particular, quanto ele era semelhante ao de seus colegas de trabalho.

Ou, dito de outra forma, sua adaptabilidade cultural. Se os funcionários usavam a linguagem da mesma forma que os outros ao seu redor. Se alguém usava pronomes pessoais (por exemplo, "nós" ou "eu") ao se comunicar com colegas que os usavam em abundância, ou artigos ("um" ou "o") e preposições (como "em" ou "para") em um grau semelhante ao de seus pares.

Os resultados foram impressionantes. A semelhança moldava o sucesso. Funcionários com estilo linguístico mais próximo ao dos colegas tinham três vezes mais chances de serem promovidos e receberam melhores avaliações de desempenho e bônus mais altos.

De certa forma, essa é uma ótima notícia. Se você se adapta bem em seu novo emprego, provavelmente vai se sair bem.

Mas e todos os outros? O que acontece com as pessoas que não se adaptam?

De fato, pessoas com um estilo linguístico diferente não tiveram tanta sorte. Havia quatro vezes mais chances de que fossem demitidas.

Significa, então, que as pessoas que não se adaptam desde o início estão fadadas ao fracasso?

Não exatamente. Porque, em vez de apenas estudar se os funcionários se adaptam logo a princípio, os pesquisadores também examinaram como a adaptação deles se deu ao longo do tempo. Se alguns funcionários eram mais adaptáveis do que outros.

À semelhança da comunidade cervejeira, a maioria dos novos contratados se adaptou rapidamente. Depois de um ano na empresa, eles se acostumaram às normas linguísticas da organização.

Nem todo mundo, no entanto, se adaptou no mesmo ritmo. Alguns mais rápido, e outros mais devagar.

A capacidade de adaptação, por sua vez, ajudou a explicar o sucesso. Enquanto os funcionários bem-sucedidos se adaptavam, aqueles que eventualmente seriam demitidos nunca o faziam. Eles partiam de uma adaptação cultural baixa e passavam por um declínio gradual.

A similaridade linguística ajudou até a distinguir entre os funcionários que permaneceram na empresa dos que saíram em busca de melhores opções. Não porque foram demitidos, mas porque receberam uma oferta melhor em outro lugar. Essas pessoas foram logo assimiladas, mas, em algum momento, o vocabulário delas começou a divergir. Embora visivelmente capazes de se adaptar, elas acabaram por parar de tentar, um prenúncio da intenção de sair.

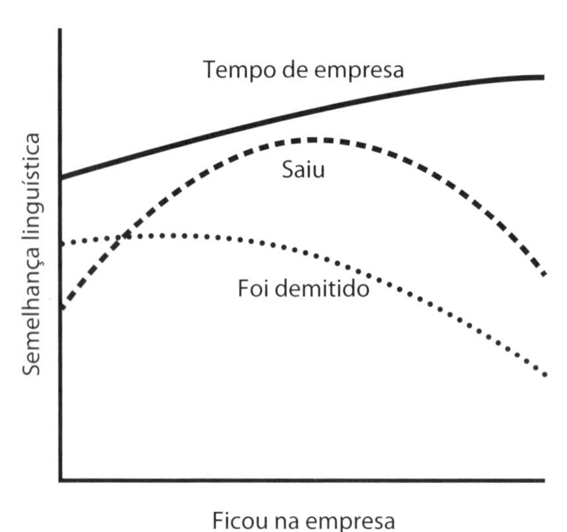

A capacidade de adaptação acabou sendo mais importante do que a adequação prévia. As pessoas que se encaixavam bem de início tiveram sucesso, mas aquelas que se adaptaram rapidamente às novas normas tiveram ainda mais. Adequação não é algo com o qual nascemos; precisamos, sim, estar dispostos a nos adaptar ao longo do tempo.

O estudo do e-mail ressalta os benefícios da adaptação. O uso de uma linguagem semelhante pode levar a melhores avaliações de desempenho, bônus mais altos e a maior probabilidade de promoção. E os benefícios da semelhança vão muito além da vida corporativa. Pessoas que falam da mesma forma têm mais chances de marcar um segundo encontro, alunos que escrevem da mesma forma têm mais chances de se tornarem amigos e os casais que usam a linguagem de maneira mais parecida têm mais chances de começar a namorar em um período de três meses.[3]

Usar uma linguagem semelhante pode favorecer o diálogo, fazer as pessoas se sentirem conectadas e aumentar a sensação de que fazem parte da mesma tribo. Tudo isso pode aumentar a admiração, a confiança e uma variedade de resultados positivos a reboque.

Mas se adaptar é sempre uma coisa boa? Ou pode haver situações em que a diferença é melhor?

Para descobrir, tive que adentrar o mundo da música.

DESPERTE A DIFERENÇA

Em uma tarde fria de outono, Montero Hill estava fazendo música no lugar de sempre: em seu quarto. Bem, no armário de seu quarto. Ou no armário da casa da avó. O lugar que fosse mais silencioso no momento.

Como muitos aspirantes a músicos, o jovem desempregado de dezenove anos que tinha largado a faculdade estava experimentando coisas diferentes, tentando fazer sucesso. Divulgava a música na internet em tempo integral, postava composições no SoundCloud e batalhava para ganhar tração.

No Dia das Bruxas, ele estava fazendo uma pesquisa no YouTube em busca de batidas quando encontrou algo que o tocou. Um *sample* retrabalhado de uma música do Nine Inch Nails feito por um aspirante a produtor na Holanda — que também fazia música em seu quarto.

Montero comprou a batida por trinta dólares, escreveu uma letra e lançou a música algumas semanas depois.

A probabilidade de qualquer música em particular se tornar um sucesso é extremamente baixa. E, para novos artistas ou aqueles sem um contrato com uma gravadora que estimule a reprodução nas rádios, a probabilidade é ainda menor.

Existem centenas de milhões de músicas no SoundCloud, e centenas de milhares são adicionadas todos os dias. Poucas são reproduzidas mais do que um punhado de vezes, e, entre elas, a maioria é de sucessos de artistas que já têm muitos seguidores.

Mas essa música era diferente. Essa música "quebrou" a internet.

"Old Town Road", de Montero (ou, como ele é agora conhecido, de Lil Nas X), foi reproduzida bilhões de vezes. Vendeu mais de dez milhões de unidades e entrou para a história da *Billboard*, tendo passado dezenove semanas seguidas no topo das paradas. Também fez de Lil Nas X um nome familiar, levando-o a ser escolhido pela revista *Time* como uma das pessoas mais influentes na internet. Nada mal para um garoto fazendo música em seu quarto.

Mas o que tornou "Old Town Road" um sucesso desse tamanho? E será que isso pode nos dizer algo mais sobre por que determinadas coisas "pegam"?

Executivos da indústria, críticos culturais e consumidores há muito se perguntam por que algumas músicas são bem-sucedidas enquanto outras, não. Certas faixas alcançam milhões de reproduções, já outras mal são tocadas. Para cada "Old Town Road" que atropela as paradas, existem milhares, se não dezenas de milhares, de músicas que jamais ganham tração.

Uma das possibilidades é que o sucesso seja aleatório. Que o fato de uma determinada música acabar fazendo sucesso é fruto da sorte ou do acaso. Inclusive, até os supostos especialistas são muito ruins em separar o joio do trigo. Disseram a Elvis que ele deveria voltar a ser caminhoneiro. Os Beatles ouviram que a moda das guitarras já estava passando. Lady Gaga escutou que sua música era dançante demais para ser vendável. Mesmo que exista alguma lógica por trás de como os hits surgem, parece impossível identificar essa verdade profunda.

No entanto, para verificar se existe algo mais sistemático acontecendo, alguns anos atrás, Grant Packard e eu começamos a explorar os componentes de um hit.[4] Toda música é única, mas nos perguntamos se as canções de sucesso poderiam ter algo em comum. Mais especificamente, se elas tendem a ser semelhantes ou diferentes de outras músicas do mesmo gênero. E, para medir essa semelhança, examinamos os temas abordados por cada uma.

Em determinadas músicas, é fácil identificar o tema principal. "Endless Love", de Diana Ross e Lionel Richie, é obviamente uma canção de amor. A palavra "amor" (*love*) está no título e reaparece na primeira frase ("My love"), no terceiro verso e mais doze vezes ao longo da letra.

O mesmo vale para músicas como "We Found Love", de Rihanna, "I'll Make Love to You", de Boyz II Men, e "Because You Loved Me", de Céline Dion. Os nomes e as letras facilitam a classificação como canções de amor, e, de fato, muitas vezes elas são listadas entre as melhores ou mais populares canções de amor de todos os tempos.

Mas outras são mais difíceis de serem classificadas. "Torn", de Natalie Imbruglia, por exemplo, é sobre o amor e os desafios emocionais de uma separação difícil. Mas procure pela palavra "amor" na letra e você não vai encontrá-la. Ela não aparece no título nem em qualquer verso. O mesmo vale para outras canções de amor, como "Leaving on a Jet Plane", de Peter, Paul e Mary, e "Don't Speak", do No Doubt.

Além disso, embora algumas canções sejam visivelmente sobre este sentimento, não é óbvio que todas as canções de amor sejam propriamente semelhantes. "Can't Help Falling in Love", de Elvis Presley, e "Before He Cheats", de Carrie Underwood, abordam esse sentimento, mas claramente não são parecidas. Algumas canções de amor (por exemplo, "Walking on Sunshine", de Katrina & and the Waves) são sobre um sentimento feliz e positivo, algumas (como "Jessie's Girl", de Rick Springfield) são sobre amor não correspondido e outras (como "You Oughta Know", de Alanis Morissette) são sobre a raiva de um ex.

Dizer que essas músicas são semelhantes seria como dizer que bolo de chocolate e bolinho de bacalhau estão na mesma categoria. Claro, ambos têm a palavra "bolo", mas são bem diferentes.

Em outros temas que não o amor, as coisas ficam ainda mais difíceis. Sobre o que fala "Hey Jude", dos Beatles? Ou "When Doves Cry", do Prince? Pessoas diferentes tendem a ter respostas muito distintas. Algumas acreditam que "Born in the U.S.A.", de Bruce Springsteen, é sobre patriotismo e orgulho norte-americano, mas, na verdade, é sobre como os Estados Unidos trataram de maneira vergonhosa os veteranos da Guerra do Vietnã.

Tudo isso para dizer que a percepção individual pode não ser o indicador mais confiável dos principais temas de uma música. Então, em vez de deixar as pessoas fazerem isso, pedimos ajuda a um computador.

Imagine que você é um estudante do Ensino Médio que acabou de se mudar para uma nova cidade. Você não conhece ninguém em sua nova escola nem sabe quem é amigo de quem, então precisa aprender por meio da observação. Se visse Danny e Eric andando juntos várias vezes, por exemplo, presumiria que eles são amigos. Se um deles costuma sair com a Lucy, ou se todos saem juntos, você iria presumir que eles fazem parte do mesmo grupo.

Seguindo esse raciocínio, você poderia criar outros agrupamentos com base em quem anda junto com quem. Os atletas, os nerds, os gamers e o pessoal do teatro.

Esses grupos são amorfos e informais, mas elucidam a forma como as pessoas se organizam. Primeiro, nem todo mundo no grupo anda junto ao mesmo tempo. Você pode ver dois gamers conversando antes da escola, e depois ver outros dois almoçando. Mas, ao ver diferentes pares ou subconjuntos deles juntos com bastante frequência, pode ter uma noção de quem pertence ao grupo maior.

Segundo, algumas pessoas têm laços mais fortes com determinados grupos do que outras. Lucy pode estar presente com frequência quando os atletas se reúnem, mas Eric, talvez, não. Pode ser que ele esteja lá apenas 20% do tempo.

O mesmo princípio pode ser aplicado às palavras. Assim como podemos deduzir a participação em um grupo por quem anda junto, uma abordagem estatística chamada modelagem de tópicos usa a co-ocorrência de palavras para inferir tópicos ou temas subjacentes.[5]

Se as músicas que incluem o vocábulo "amor" geralmente incluem as palavras "sentir" e "coração", todas elas podem ser agrupadas. Da mesma forma, se verbos como "sacudir" e "bater palmas", ou "pular" e "remexer", costumam aparecer juntos, eles também podem ser agrupados. Ao examinar músicas (ou quaisquer outros textos), a modelagem de tópicos agrupa as palavras que constam nelas com base na frequência com que aparecem.

Observe que essa abordagem não exige que sejam determinados os grupos de antemão. Em vez de criar a categoria "canções de amor" e classificar cada uma de acordo com seu enquadramento nesse grupo, a modelagem de tópicos permite que eles (por exemplo, amor) emerjam a partir dos dados. Os padrões das palavras nas músicas determinam quais são os grupos e quantos deles devem existir. Pode haver dois ou três tipos diferentes de amor, ou temas como família ou tecnologia, que as pessoas talvez nem percebam que existem. Mas, olhando as músicas e as palavras que aparecem nelas, os temas principais despontam.

No nosso caso, adotar essa abordagem em milhares de canções identificou os principais temas ou tópicos que aparecem nas letras. Não surpreendentemente, o amor era um tema-chave. Além do amor ardente (por exemplo, palavras como "amor", "fogo" e "queimar") havia também o não correspondido (por exemplo, palavras como "amor", "necessidade" e "nunca").

Mas havia outros temas, também. Movimentos corporais ("sacudir", "pular" e "remexer"), movimentos de dança ("*bop*", "*twerk*" e "*mash*"), garotas e carros ("garota", "estrada", "beijo" e "carro"), entre outros.

A maioria das músicas mesclava vários temas. "I Wanna Dance with Somebody (Who Loves Me)", de Whitney Houston, fala sobre dançar, mas também é uma canção de amor. Outras enfocam tanto a família quanto a positividade. Da mesma forma que os alunos do Ensino Médio podem ser ao mesmo tempo atletas e gamers, ou atores e engraçadinhos da turma, as músicas podem ser sobre vários assuntos, alguns deles de forma mais marcante do que outros.

Tema	Exemplos de palavras
Raiva e violência	mau, morto, ódio, massacrar
Movimentos corporais	corpo, sacudir, bater palmas, pular, remexer
Movimentos de dança	*bop*, *dab*, *mash*, *nae*, *twerk*
Família	americano, criança, papai, mamãe, uau
Amor ardente	queimar, sentir, fogo, coração, amor
Garotas e carros	carro, dirigir, garota, beijo, estrada
Positividade	sentir, gostar, hum, ah, *yeah*
Espiritualidade	crer, graça, Senhor, único, alma
Street cred	traseiro, vadia, droga, rico, rua
Amor não correspondido	não, impossível, amor, necessidade, nunca

Ao identificar a frequência com que as palavras de cada tema apareciam em cada música, quantificamos o quanto ela tratava de cada tema. Então, tirando a média de todas as canções de um gênero, tínhamos uma noção do que cada gênero falava.

Músicas country, por exemplo, falavam bastante sobre garotas e carros (cerca de 40% das letras eram sobre esse assunto), mas não muito sobre movimento corporal. Os raps falavam muito sobre reputação, e não tanto sobre amor. O dance e o rock abordavam mais o amor ardente, enquanto as canções pop falavam mais sobre o não correspondido.

Por fim, analisamos a ligação entre atipicidade e sucesso. Se as músicas mais populares tendiam a falar sobre coisas semelhantes (ou diferentes) de outras do mesmo gênero.

Claro, o country trata bastante de garotas e carros, mas cada música pode aderir mais ou menos a esse padrão. Pode se concentrar muito nesse tema ou não. Da mesma forma, a maioria das canções de rock fala sobre amor ardente, mas outras são mais sobre amor não correspondido ou passos de dança. Ao comparar cada uma com outras do mesmo gênero, tivemos uma noção do quão típica ela era, e se esse fato contribuiu para o quão popular ela havia se tornado.

Descobrimos que canções atípicas faziam mais sucesso. Uma música country sobre garotas e carros, por exemplo, tendia a se sair muito bem, mas uma que tratasse de temas mais atípicos, como movimentos de dança ou reputação, tinha ainda mais chances de ser um sucesso. Quanto mais diferenciadas de seu gênero fossem as letras de uma música, mais popular ela tendia a ser.

E isso não se deu apenas porque artistas famosos tendem a usar letras mais atípicas ou porque músicas atípicas são mais reproduzidas. Mesmo equacionando esses aspectos e dezenas de outros fatores capazes de gerar confusão, as atípicas ainda assim venderam mais e foram reproduzidas mais vezes.

Inclusive, olhando para casos em que uma mesma canção se enquadrou em dois gêneros distintos, ela acabou por ser mais popular nas paradas onde era mais atípica. O artista, as letras e tudo mais permaneceram os mesmos, mas, no gênero em que a letra era mais incomum, a música se saiu melhor.

Alguém poderia se perguntar se as atípicas eram mais populares porque só olhamos para as que são pelo menos um pouco bem-sucedidas. Talvez os fracassos impopulares também costumem divergir da norma. Para testar essa hipótese, analisamos um grupo controle com pares de músicas que não fizeram sucesso. Para cada uma que entrou nas paradas, selecionamos aleatoriamente outra do mesmo artista, do mesmo álbum, que nunca o fez. Comparados aos hits, no entanto, os fracassos dentro das amostras eram as músicas mais típicas, reforçando a ideia de que a atipicidade aumenta o êxito.

Em outras palavras, a diferença levou ao sucesso.

Voltando ao sucesso de Lil Nas X, entender a ligação entre atipicidade e sucesso ajuda a explicar por que "Old Town Road" virou um hit.

A música tem muitos elementos country. Começa com o som inconfundível do banjo, e a primeira estrofe fala sobre um elemento country por excelência, andar a cavalo: *Yeah, I'm gonna take my horse to the old town road/I'm gonna ride 'til I can't no more* [Sim, vou levar meu cavalo para a estrada da cidade velha/Vou cavalgar até não poder mais, em tradução livre].

Mais adiante, está cheia de clichês do country — desde botas e chapéus de caubói a calças jeans Wrangler e rodeios. O próprio Lil Nas X disse que a música era deste gênero quando a lançou, a lenda do country Billy Ray Cyrus consta no remix, e, quando ela estreou nas paradas da *Billboard*, constava na lista "Hot Country Songs".

Mas ouça com um pouco mais de atenção, e fica claro que "Old Town Road" está longe de ser uma música country típica. Além de cavalos e botas de caubói, fala sobre Porsches, forma física e sexo casual. O remix com Billy Ray fala de Maseratis e tops da Fendi. E o chapéu de caubói? Em vez de ser um Stetson, é da Gucci.

O mesmo vale para o arranjo. Claro, há um banjo, mas também há uma batida eletrônica 808 e baixos por todos os lados — recursos mais comuns no hip-hop do que no country. Embora "Old Town Road" tenha aparecido pela primeira vez na parada country da *Billboard*, ela passou para a lista de "Hot Rap Songs" na semana seguinte.

Chame de country trap, hick-hop ou qualquer outra coisa que você quiser, mas "Old Town Road" é claramente atípica, uma música que transcende os gêneros, cruza fronteiras e desafia as classificações. É rap demais para ser uma música country e country demais para ser um rap, mesclando convenções para criar algo novo e diferente.

Mas, embora seja atípica, o motivo pelo qual se tornou um sucesso está longe disso. Isso era totalmente previsível. Embora as músicas atípicas sejam mais populares, alguém poderia argumentar que ter características musicais mais típicas pode ajudar a inserir as canções dentro de um gênero. O banjo que abre "Old Town Road", por exemplo, evoca imediatamente uma música country. Sons semelhantes e letras incomuns podem fornecer a combinação ideal entre o velho e o novo. É semelhante o suficiente para evocar o calor da familiaridade, mas diferente o bastante para ser empolgante e inovadora. E essa sua natureza incomum foi justamente o motivo pelo qual ela se tornou um hit.

QUANDO A SEMELHANÇA É BOA E A DIFERENÇA É MELHOR

Os resultados do estudo são interessantes, mas justapostos à pesquisa do e-mail, eles suscitam algumas questões importantes. Usar uma linguagem semelhante parece compensar no ambiente corporativo, mas uma diferente torna as músicas mais bem-sucedidas. Então, quando é que a semelhança é boa, e quando a diferença é melhor?

É fácil focar em coisas específicas para domínios específicos. A linguagem do e-mail pode ser mais formal, por exemplo, enquanto a música é mais expressiva. E-mails são escritos para um público restrito, enquanto músicas são compostas para um público amplo.

Mas, no fundo, a questão é de fato sobre o que a semelhança e a diferença evocam ou sugerem, e o que é melhor no contexto particular que está sendo analisado.

A semelhança linguística tem uma série de vantagens. Usar uma linguagem semelhante geralmente requer ouvir o que outra pessoa disse, portanto não surpreende que ela esteja associada a tudo, desde melhores encontros a negociações mais bem-sucedidas.[6] Conforme já foi observado, essa coordenação pode fazer as pessoas sentirem que estão no mesmo time ou que fazem parte da mesma tribo, o que pode aumentar a empatia, a confiança e a unidade. Amigos tendem a usar a linguagem de maneira semelhante, e pessoas que usam linguagem de maneira semelhante têm maior probabilidade de se tornarem amigas. Assim como fazer aniversário no mesmo dia ou estudar na mesma escola, usar a linguagem de forma semelhante pode servir como um sinal de que dois indivíduos têm algo em comum ou que estão em sintonia.

Dito isso, também existem benefícios na diferenciação. Assim como ter a mesma conversa repetidas vezes se torna entediante, eventualmente, as pessoas se cansam de ouvir a mesma música. Elas sentem um impulso profundo por novos estímulos e passam a valorizar novidades, em parte, porque satisfazem essas necessidades. Em vez de fazer a mesma coisa repetidamente, elas procuram por algo inédito que proporcione variedade e emoção.

A diferenciação também está ligada à criatividade e à memória. Os pensamentos das pessoas criativas tendem a pular de uma ideia incomum para outra, e slogans e falas de filmes com estruturas mais distintas (por exemplo, "Que a Força esteja com você" ou "Francamente, minha querida, eu não dou a mínima") são mais fáceis de serem lembrados.[7]

No geral, então, semelhanças e diferenças podem ser tanto boas quanto ruins. A semelhança é familiar e segura, mas também pode ser entediante. A diferença pode ser emocionante e estimulante, mas também arriscada.

Consequentemente, o êxito da semelhança ou da diferença depende daquilo que é valorizado em um determinado contexto.

Na maioria dos ambientes de trabalho, a adaptação é importante. Claro, as empresas dizem que querem inovação e criatividade, mas o que mais querem é que os funcionários sigam as ordens e façam o trabalho deles. Elas querem pessoas capazes de se adaptarem e se tornarem bons membros do grupo, e o uso de um vocabulário coerente fornece um sinal útil. Pode haver momentos em que a diferença é valorizada, mas, em geral, a preferência é pela semelhança.

No caso de novas músicas, no entanto, as pessoas preferem estímulos, então a diferença é melhor. Filmes atípicos também fazem mais sucesso, e o mesmo pode acontecer com outros produtos culturais, como musicais. Uma das razões pelas quais *Hamilton* foi um sucesso tão grande é que seu estilo divergia daquele a que o público estava acostumado.

Entretanto, apesar de as músicas atípicas serem geralmente mais populares, o padrão do pop é o inverso. Isso faz muito sentido. A música pop, quase que por definição, fala de semelhança, não de diferença. Muitas vezes ridicularizada por ser insípida ou estereotipada, ela é projetada para ser popular, não vanguardista. Não surpreende, portanto, que, em um domínio no qual a familiaridade é valorizada, canções semelhantes sejam mais bem-sucedidas.

Você trabalha em um domínio onde a criatividade, a inovação ou o estímulo é valorizado? A diferenciação linguística pode ser benéfica. Está fazendo um trabalho onde a familiaridade, a adaptação e a segurança são desejadas? A semelhança pode ser melhor.

O QUE É MAIS PARECIDO COM UMA TORANJA?

Os estudos da cerveja, do e-mail e da música examinaram a semelhança entre coisas: entre usuários e a comunidade, pessoas e seus colegas, músicas e seus gêneros.

Mas acontece que a semelhança também importa em um outro aspecto: entre trechos ou partes da mesma coisa (por exemplo, as seções de um livro).

Mesmo que você nunca tenha ouvido falar de *Os homens que não amavam as mulheres*, provavelmente conhece alguém que tenha. O thriller psicológico foi o primeiro livro da série Millennium, do escritor sueco Stieg Larsson, e apresentou ao mundo sua heroína, Lisbeth Salander, uma hacker brilhante, mas problemática. Originalmente publicado na Suécia, o romance alcançou enorme popularidade antes de ser traduzido em todo o mundo. A série vendeu mais de cem milhões de cópias e entrou para a lista dos cem livros mais vendidos do século XXI.

Muitos aspectos, obviamente, contribuem para o sucesso de um best-seller. O tema precisa ser interessante; os personagens, envolventes; e o enredo, bom. Mas o que faz um enredo ser bom?

As trajetórias emocionais das quais falamos no Capítulo 5 oferecem algumas pistas, mas há mais coisa por trás disso.

As pessoas que avaliaram livros como *Os homens que não amavam as mulheres* usam as mesmas frases: "A história avança rápido", "É emocionante, e o enredo nunca se arrasta", "A história corria e me deixou envolvido". É fato que as pessoas costumam mencionar um enredo rápido como parte do motivo pelo qual gostaram do que leram. Mas o que significa um enredo ser rápido? E é sempre bom que um enredo avance rapidamente?

* * *

Para responder a essa pergunta, primeiro precisamos entender a relação, ou a semelhança, entre as palavras.

O que é mais parecido com uma toranja? Um kiwi, uma laranja ou um tigre?

Essa parece ser uma pergunta fácil de responder. E se você é uma pessoa, ou pelo menos uma pessoa com mais de três anos, a resposta é bastante óbvia (uma laranja.)

Mas, para analisar a semelhança de milhares de palavras e fazer isso rapidamente, é preciso um computador. E ocorre que perguntas como essa podem ser, de forma surpreendente, difíceis de serem respondidas corretamente por eles.

O aprendizado de máquina se baseia na noção de que os computadores conseguem aprender com os dados. Eles podem recolher informações, identificar padrões e até tomar decisões, tudo com mínima ou nenhuma intervenção humana.

Pense nas recomendações da Amazon ou da Netflix. Elas não são feitas por pessoas nem por elfos que vasculham a web em busca de informações, mas por máquinas. Os algoritmos analisam o que os espectadores assistiram ou compraram e usam os dados para dar um palpite sobre outras coisas de que poderão gostar.

Comprou recentemente uma camisa para ir trabalhar ou uma cafeteira para a cozinha? A Amazon pode sugerir camisas semelhantes ou novos utensílios de cozinha que outras pessoas que compraram esses produtos tendem a gostar. Assistiu recentemente a *A identidade Bourne*? A Netflix pode sugerir um filme de James Bond ou algum outro título de ação.

Para fazer tais sugestões, especialmente acuradas, o algoritmo precisa observar relações. Pessoas que compraram X tendem a gostar de Y, então, se você comprou X, Y provavelmente é uma sugestão razoável.

O preenchimento automático em seu celular funciona de maneira semelhante. Digite a letra *p* e seu telefone pode sugerir a palavra "precisa". Aceite ou escreva essa palavra e ele pode sugerir uma sequência de palavras como "de", "mais" e "leite". O algoritmo usa as palavras e frases que você (e outros) escreveu para fazer suposições sobre o que você está pensando em dizer.

Ao contrário das recomendações, porém, decidir se um kiwi ou uma laranja é mais semelhante a uma toranja pode ser difícil para um computador, porque as relações entre eles não são fáceis de observar. As pessoas não compram toranjas na Amazon, e, ainda que as comprem no supermercado, esses dados também não seriam tão úteis. Algumas pessoas adquirem toranjas, outras, kiwis, e outras, ainda, laranjas, mas os padrões de compra não fornecem muitas informações sobre as semelhanças entre os itens. As pessoas que compram toranja podem comprar também pão, peixe ou uma série de outras coisas, então o fato de as coisas serem frequentemente compradas juntas não significa nada. Inclusive, toranjas podem ser compradas junto com queijo cottage, mas os dois não são parecidos.

Contudo, embora os dados de compra não sejam tão úteis para inferir semelhança entre objetos, os dados da linguagem cotidiana são.

Todos os dias, bilhões de pessoas escrevem trilhões de palavras na internet. Notícias, avaliações de produtos, informações de perfil. Uma matéria ou avaliação pode não parecer tão importante isoladamente, mas juntas fornecem uma visão abrangente da relação entre diferentes conceitos e ideias.

Por exemplo, uma frase como "O médico entrou na sala de cirurgia e vestiu as luvas". Superficialmente, pode parecer simples, mas, para um computador tentando aprender a relação entre diferentes palavras e conceitos, ela fornece inúmeros fragmentos de informação. Sugere que algo chamado "médico" entra em um lugar chamado "sala de cirurgia" e veste algo chamado "luvas".

À semelhança da abordagem que usamos para identificar os temas das músicas, examinar um grande número de frases que contêm palavras afins começa a dar uma noção de como palavras, conceitos ou ideias diferentes se relacionam. Se "médicos" estão frequentemente entrando e saindo de "salas de cirurgia", usando "luvas" ou conversando com "pacientes", pode-se começar a ter uma noção do que um "médico" é e faz.

É assim que as crianças aprendem. A primeira vez que uma de quinze meses vê você apontar para a coisa no meio de seu rosto e dizer "nariz", ela não faz ideia do que você está falando. Para ela, um nariz é tão novo e estranho quanto a democracia ou a inconstitucionalidade. Mas, ao ouvir você dizer "nariz" várias vezes enquanto aponta para o seu, para o dela ou para a foto de um em um livro, ela acaba aprendendo o que é.

As máquinas aprendem da mesma forma. Ao "ingerir" todos os artigos da Wikipédia, por exemplo, ou tudo o que aparece no Google News, os computadores começam a aprender o significado de diferentes palavras, e como elas estão relacionadas.

Se "cachorros" costumam ser considerados "amigos", leitores (e máquinas) podem começar a associar esses dois conceitos e tratá-los como próximos. Da mesma forma, se "gatos" costumam ser chamados de "distantes", isso pode fortalecer o vínculo entre esses dois conceitos.

Os vocábulos nem precisam aparecer simultaneamente para que esses vínculos se estabeleçam. Se frases como "Cães são animais" e "Animais são amigos" aparecem com bastante frequência, o computador associa "cachorro" e "amigo", mesmo que não sejam mencionados explicitamente como tal.

O linguista britânico J.R. Firth observou certa vez: "Podemos conhecer uma palavra pelas companhias que ela tem". Dito de outra forma, você pode aprender muito sobre o significado das palavras e as relações entre elas observando os contextos em que aparecem e as outras palavras que as rodeiam. Assim como deduzimos que é mais provável que pessoas que andam juntas com frequência sejam amigas, palavras que aparecem ao lado umas das outras têm maior probabilidade de estarem conectadas de alguma forma.

Partindo desse conceito, uma técnica chamada *word embedding* usa as relações entre elas para distribuí-las em um espaço multidimensional. Ao se mudar para uma casa ou apartamento novo e guardar as coisas na cozinha, as pessoas tendem a pôr coisas afins próximas umas das outras: as colheres vão para a gaveta de talheres, os legumes vão para a geladeira e os produtos de limpeza vão para debaixo da pia.

O *word embedding* faz algo semelhante com as palavras: quanto mais forem relacionadas umas com as outras, mais próximas serão posicionadas. "Cachorro" e "gato" provavelmente estarão muito próximas, porque são animais de estimação. Mas, com base em outras associações, "cachorro" pode estar mais próximo da palavra "amigo", enquanto "gato" estaria mais próximo da palavra "distante".

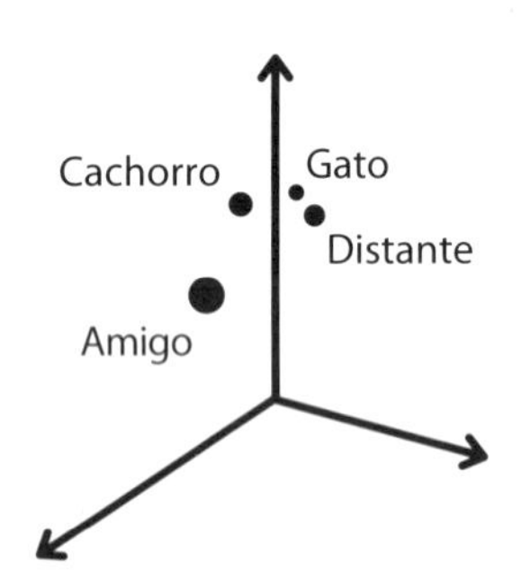

Em vez de usar apenas duas ou três dimensões, essa técnica geralmente usa centenas.

E, como palavras relacionadas entre si ficam mais próximas, a semelhança entre elas pode ser medida pela distância. "Toranja", por exemplo, está mais próximo da palavra "laranja" do que de "kiwi", indicando que são mais semelhantes. E todos os nomes de frutas, não surpreendentemente, estão bem distantes da palavra "tigre".

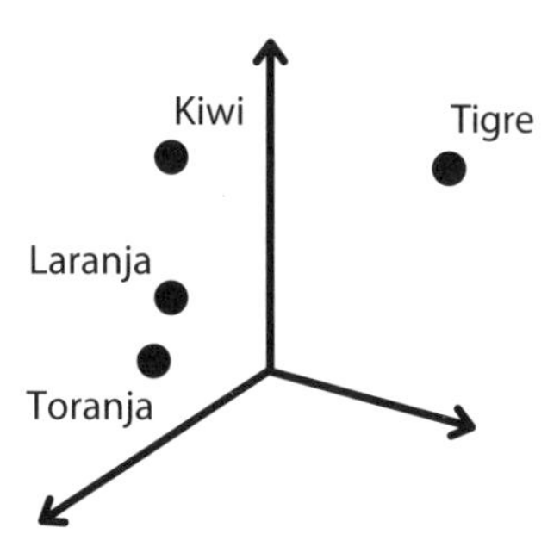

PROJETE A PROGRESSÃO CERTA

O *word embedding* é impressionante. E, como vamos ver no último capítulo, pode ser usado para estudar tudo, desde sexismo e racismo até a evolução do pensamento.

Mas, para estudar se livros e filmes são mais bem-sucedidos quando o enredo avança mais rápido, alguns colegas e eu decidimos aplicar a mesma ideia subjacente a pedaços maiores de texto (frases ou parágrafos). Assim como duas palavras podem ser mais ou menos semelhantes ou relacionadas entre si, duas partes de um livro, filme ou qualquer outro conteúdo também podem ser mais ou menos afins.

Para entender como isso funciona, pense em um livro de geografia que alguém tenha usado para estudar no Ensino Médio. Há capítulos sobre a crosta terrestre, terremotos, clima e até o sistema solar.

Pegue a primeira parte de qualquer capítulo, digamos, sobre terremotos, e ela será bastante relacionada à parte seguinte desse mesmo capítulo. Ele pode começar definindo o que é um terremoto e depois passar para o que provoca um, ambas as partes envolvendo palavras, frases e conceitos afins (como "terremoto", "falha" e "placas tectônicas").

Mas, embora as partes consecutivas de um capítulo sejam semelhantes, quanto mais distantes estiverem duas partes quaisquer de um livro didático, menos relacionadas elas tendem a ser. O capítulo sobre terremotos, por exemplo, usa conceitos, termos e noções bastante distintos daquele sobre o sistema solar.

Essa mesma ideia pode ser aplicada a romances, filmes ou qualquer outro texto. Uma cena sobre um casamento, provavelmente é bem parecida com outra sobre o mesmo casamento. Os personagens são os mesmos, o cenário é o mesmo e as pessoas estão fazendo coisas afins.

Essa cena, no entanto, é menos parecida com uma cena sobre uma invasão alienígena, um mergulho ou o conserto de um carro. Mesmo que as pessoas envolvidas sejam as mesmas, os lugares, os objetos e tudo mais seriam bem diferentes.

É importante ressaltar que, embora as partes consecutivas de um livro ou filme geralmente estejam um pouco relacionadas, o *grau* em que elas se relacionam pode variar; elas podem ser muito semelhantes ou mais diferentes.

Ao medir a distância entre partes consecutivas de uma história, determinamos a velocidade com que ela avança.[8] Se uma história passa de falar sobre a primeira parte de um casamento para falar sobre uma invasão alienígena, por exemplo, o enredo está avançando mais rápido do que uma história que vai da primeira parte de um casamento para a segunda. Assim como um carro está indo mais rápido do que outro se percorrer uma distância maior no mesmo intervalo de tempo, as histórias se movem mais rápido quando saltam entre ideias menos relacionadas.

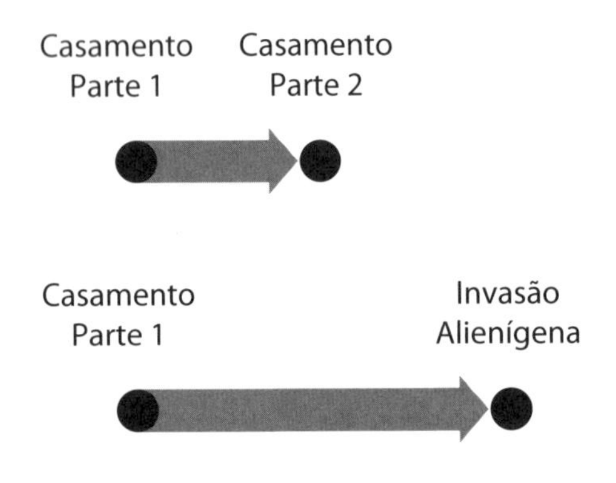

Portanto, para examinar a relação entre velocidade e sucesso, analisamos dezenas de milhares de livros, filmes e séries de TV, desde clássicos de Charles Dickens e Jack Kerouac até títulos mais recentes, como *Alta fidelidade*, de Nick Hornby, e *Porto seguro*, de Danielle Steel, bem como filmes como Star Wars e *Pulp Fiction* e séries como *I Love Lucy*, *South Park* e *Friday Night Lights*.

No geral, descobrimos que velocidade era algo positivo. Livros, filmes e séries com uma progressão de enredo mais rápida eram mais apreciados do que seus pares mais lentos.

Assim como as letras atípicas tornam as músicas mais interessantes, um avanço mais rápido da trama torna a história mais estimulante. Em vez de apenas seguir em frente, mover-se com mais velocidade entre temas e ideias distintos é mais emocionante, o que leva o público a reagir de maneira mais favorável.

Além disso, descobrimos que, dentro das histórias, havia momentos em que os enredos deveriam ser mais velozes e momentos em que deveriam ser mais lentos.[9]

No começo de um livro ou filme, a tela ou página está em branco. O público não sabe quem são os personagens, qual é o cenário nem como os elementos se relaciona. Logo, o início de uma história estabelece o cenário, construindo uma base ou ponto de partida para o restante da narrativa.

Começar devagar é fundamental. Leva tempo para o público digerir os personagens, seus relacionamentos e tudo mais, então um enredo que se move rápido demais no início pode confundi-los. Em uma corrida de revezamento, se o segundo corredor largar muito rápido, o primeiro pode nunca conseguir alcançá-lo para passar o bastão. O mesmo vale para uma trama: se o enredo estiver evoluindo muito rápido logo de cara, o público pode acabar comendo poeira.

E foi exatamente isso que descobrimos: no início, a velocidade era prejudicial. O público reagiu de forma mais favorável a histórias que se moviam mais lentamente no começo.

Inclusive, contos populares e aventuras infantis famosas geralmente começam reproduzindo um conceito semelhante. Em *Os três porquinhos*, por exemplo, o primeiro porquinho constrói sua casa de palha e o lobo a derruba. A seguir, algo muito semelhante acontece com um segundo porco.

O mesmo vale para piadas. A comédia geralmente segue uma regra de três, ou trio cômico, em que coisas semelhantes acontecem com várias pessoas. Um padre entra em um bar e algo acontece. Então uma freira entra no bar e a mesma coisa acontece.

Mas, uma vez que a semelhança tenha ajudado a estabelecer as bases, a história tem que avançar. Se acontecesse exatamente a mesma coisa com um terceiro porco ou um rabino que entrasse no bar, a história ou piada se tornaria chata. Portanto, embora a semelhança ajude a moldar o cenário e a criar expectativas, uma vez que o público conhece os personagens e entende o contexto, é hora de as coisas começarem.

Na prática, à medida que as tramas avançam, o efeito da velocidade se inverte. Embora o público gostasse de histórias que se moviam lentamente no início, eventualmente preferia uma progressão mais rápida tanto que, no final, aquelas que se moviam mais rápido eram as mais elogiadas.

A velocidade das histórias é importante, mas se é melhor ir mais rápido ou mais devagar depende do ponto da narrativa. Os melhores enredos começam devagar, mas, quando todos já estão a bordo, eles ganham embalo, provocando entusiasmo e engajamento ao longo da trajetória.

Também é preciso levar em conta a progressão das histórias de maneira mais ampla. As pessoas falam sobre aquelas que "cobrem muito terreno" ou "andam em círculos", e o primeiro significa que uma história tem muito volume, enquanto o segundo indica que ela é tortuosa.

No caso do volume, uma corrida de quatro quilômetros em quarenta minutos pode significar tanto quatro percursos em uma pista de um quilômetro quanto um único percurso em uma pista de quatro quilômetros. A segunda hipótese cobre mais terreno.

O mesmo vale para histórias ou narrativas. Algumas cobrem muito terreno, perpassando por uma ampla gama de temas distintos e bastante afastados entre si. Outros são mais pontuais, concentrando-se em um conjunto menor de ideias afins. Para sintetizar isso, envolvemos o conjunto de pontos em cada história em filme plástico retrátil e medimos o volume interno.

Este ajudou a explicar melhor o sucesso. Cobrir muito terreno era bom para filmes, mas prejudicava as séries. Isso pode se dar pelo que o público procura quando consome diferentes mídias. Enquanto as pessoas que assistem a longa-metragens geralmente procuram uma experiência, para pensar de maneira diferente ou serem transportadas para outro mundo, as séries costumam ser consumidas mais como uma diversão rápida. Consequentemente, abranger muitas ideias distintas pode deixar tudo excessivamente confuso e reduzir o grau de prazer.

Juntas, essas descobertas têm implicações importantes para tudo, desde contar histórias até a comunicação em geral. Se o objetivo é entreter, a velocidade é boa. Mover-se mais rápido ajuda a manter o público estimulado e engajado. Mas o início de uma história deve ser mais lento, para garantir que todos embarquem, e aí então ela pode se mover mais depressa, à medida que tudo avança.

Se o objetivo é informar, no entanto, uma trajetória diferente pode ser melhor. Nosso trabalho também avaliou se as histórias seguiram uma rota mais direta ou mais tortuosa. Embora andar em círculos possa parecer algo ruim, nem sempre foi esse o caso. A sinuosidade acabou por ser benéfica nos trabalhos acadêmicos. Em vez de apresentar os conceitos-chave apenas uma vez, fazer isso repetidamente, com camadas cada vez mais complexas ou em diferentes aplicações, pode ajudar as pessoas a entender mais a fundo os conceitos-chave e facilitar a assimilação.

Quando olhamos para o sucesso dos trabalhos acadêmicos, que são mais informativos do que lúdicos, a velocidade foi prejudicial. Embora mover-se mais rapidamente entre ideias afins torne o conteúdo mais estimulante, também fica mais difícil acompanhar o raciocínio. Portanto, principalmente ao apresentar ideias complexas, pode ser importante ir devagar se o seu objetivo for informar.

Fazendo mágica

Muitas vezes estamos tão focados no *que* queremos comunicar que não pensamos muito em *como* estamos comunicando. E a semelhança linguística pode ser ainda mais difícil de ser percebida.

Mas isso não significa que ela não tenha importância, porque a afinidade molda tudo, desde quem é promovido ou demitido até se músicas, livros e filmes se tornam sucessos. Para tirar proveito dela:

1. **Sinalize semelhança.** Quando a familiaridade é útil ou o objetivo for a adaptação, uma linguagem semelhante pode ajudar. Prestar mais atenção em como nossos colegas estão usando as palavras, e adotar alguns de seus maneirismos costuma nos ajudar a prosperar no ambiente de trabalho.
2. **Desperte a diferença.** A semelhança nem sempre é boa; também há benefícios na diferenciação. Se você estiver fazendo um trabalho no qual a criatividade, a inovação e o estímulo são valorizados, destacar-se pode ser melhor.
3. **Projete a progressão certa.** Além disso, ao redigir apresentações, escrever histórias ou elaborar certos tipos de conteúdo, pense na progressão das ideias. Comece devagar, para garantir que o público embarque, antes de acelerar para aumentar a emoção, especialmente quando o objetivo for entreter. Se seu objetivo for informar, no entanto, o melhor caminho a seguir é reduzir a velocidade e cobrir mais terreno.

Ao começar a entender e a prestar atenção à semelhança linguística, podemos nos comunicar de forma mais eficaz, criar melhores conteúdos e obter mais informações sobre por que algumas coisas dão certo e outras, não.

7

O que a linguagem revela

Em 13 de dezembro de 1727, uma peça estreou no Theatre Royal, em Londres. Chamada *Double Falsehood*, misturava tragédia e comédia, e havia sido escrita pelo dramaturgo Lewis Theobald. Centrada na história de duas jovens (uma nobre e outra de origem humilde) e dois homens (um com honra e um vilão), a peça explorava relacionamentos emaranhados, dinâmicas familiares, confronto e reconciliação.

Porém, o mais intrigante sobre a peça era sua origem. A folha de rosto afirmava que a peça havia sido originalmente escrita por ninguém menos que William Shakespeare. Theobald disse que havia encontrado um manuscrito desconhecido do autor, que restabelecera meticulosamente na peça recém-apresentada.

Mas a peça havia sido realmente escrita por Shakespeare? E, dado que ele estava morto havia mais de um século, como seria possível confirmar?

LINGUÍSTICA FORENSE

Peça às pessoas para listarem os maiores dramaturgos da história, e os nomes que aparecem são sempre os mesmos. Oscar Wilde escreveu *A importância de ser prudente* e *O retrato de Dorian Gray* e é um dos autores mais populares de todos os tempos. Tennessee Williams é conhecido por peças como *Um bonde chamado desejo* e *Gata em teto de zinco quente*, e Arthur Miller escreveu clássicos norte-americanos como *A morte do caixeiro-viajante* e *As bruxas de Salém*.

Um nome, no entanto, geralmente aparece no topo: Shakespeare. Muitas vezes chamado de o poeta nacional da Inglaterra, o "Bardo de Avon" é consensualmente considerado o maior escritor da língua inglesa. Ele é o gênio por trás de comédias como *Sonho de uma noite de verão* e *O mercador de Veneza* e tragédias como *Romeu e Julieta* e *Macbeth*, e suas peças foram traduzidas para praticamente todos os idiomas. São encenadas com mais frequência do que as de qualquer outro dramaturgo, e são recorrentes em teatros do mundo todo.

A julgar por essa fama, seria de esperar que houvesse uma lista facilmente acessível de suas obras. Afinal, se procurarmos por Oscar Wilde, Tennessee Williams ou Arthur Miller encontraremos um inventário completo de tudo o que eles escreveram.

Contudo, a situação de Shakespeare é um pouco mais complicada. Textos não eram protegidos por direitos autorais em sua época, portanto ele não distribuía cópias das peças por medo de que outros as roubassem. Isso deu origem a versões piratas, baseadas na memória das pessoas sobre o que Shakespeare havia escrito. Além disso, ele não publicou um catálogo formal antes de morrer, agravando a confusão. Ao listar o número de peças que o inglês escreveu, muitas fontes dizem que foram "aproximadamente" 39 obras dramáticas, mas o número exato é incerto.

Uma dessas peças contestadas é *Double Falsehood*. A afirmação de Theobald de que havia sido escrita por Shakespeare era plausível. Afinal, ele era um ávido colecionador de manuscritos e havia publicado extensivamente sobre a obra de Shakespeare, de forma que poderia ter descoberto uma joia inédita.

Mas os manuscritos originais de Theobald foram perdidos em um incêndio, dificultando a averiguação da reivindicação. Além disso, dada a importância de Shakespeare, muitos espectadores ficaram céticos. Eles sugeriram que ele era um enganador que estava tentando emplacar a obra de um dramaturgo menos conhecido como sendo de Shakespeare para atrair a atenção e vender ingressos.

Nos séculos que se seguiram, a autoria da peça continuou a ser bastante debatida. Alguns estudiosos ofereceram evidências de que a peça havia sido escrita por Shakespeare, enquanto outros sugeriram que tinha sido escrita pelo próprio Theobald. Para deixar tudo ainda mais complexo, uma peça com um tema semelhante havia sido encenada em Londres 150 anos antes, atribuída a Shakespeare em parceria com outro dramaturgo, chamado John Fletcher.

Então, quem escreveu a peça? Shakespeare, Theobald, Fletcher ou alguma combinação deles? Com os possíveis autores havia muito falecidos, parecia que a questão jamais seria solucionada.

Em 2015, porém, alguns cientistas comportamentais descobriram como resolver o quebra-cabeça.[1] Eles não foram vasculhar documentos históricos nem consultar arquivos. Não conversaram com estudiosos de Shakespeare nem se debruçaram sobre palavras ou frases específicas. Na verdade, eles nem mesmo leram *Double Falsehood* para tirar as próprias conclusões.

Tudo o que fizeram foi rodar a peça em um computador.

Imagine que você queira ensinar uma criança a identificar diferentes animais. Vacas, galinhas, cabras e outras criaturas que se pode encontrar em uma fazenda.

Para começar, pode mostrar a elas a foto de uma vaca e dizer a palavra "vaca" algumas vezes. Depois, pode mostrar a foto de uma galinha e dizer "galinha". E, por fim, repetir o processo com a foto de uma cabra.

Uma vez, porém, não será suficiente. Afinal, se uma criança de quinze meses nunca tiver visto uma vaca, provavelmente não vai conseguir reconhecê-la de imediato.

Então, é provável que você tenha que praticar um pouco. Você leria um livro com fotos de animais de fazenda, repetiria o processo algumas vezes e talvez passasse para outro livro. Mostraria a elas algumas vacas diferentes, em poses diferentes, enquanto dizia a palavra "vaca", para estimulá-las a fazer a associação.

Eventualmente, ao emparelhar a palavra "vaca" com imagens de criaturas grandes, atarracadas e de quatro patas, cobertas de preto e branco, as crianças captam a ideia. Elas percebem que uma vaca não é apenas uma imagem em um livro, é algo mais. Tornam-se capazes de identificar vacas diferentes em livros diferentes como sendo a mesma coisa, e podem até reconhecer novas fotos de animais como sendo vacas, mesmo em livros que nunca viram antes.

Em suma, elas aprendem o conceito de vaca.

Identificar este animal é um exemplo de classificação, e as máquinas também podem ser treinadas para fazer isso. Ao dar a um algoritmo um conjunto de imagens e associar rótulos a diferentes itens (por exemplo, isto é uma vaca e isto, não), ele começa a aprender a fazer a diferenciação. Então, quando é exibida a foto de uma vaca, mesmo que nunca vista antes, a máquina pode usar o que aprendeu com as outras imagens para classificar corretamente se aquela coisa nova é uma vaca ou não.

Textos podem ser classificados de maneira semelhante. Ao serem treinados com exemplos relevantes, os algoritmos podem aprender a identificar discursos de ódio nas redes sociais ou a determinar em qual caderno do jornal uma determinada matéria se enquadra.

Pesquisadores usaram uma abordagem semelhante para determinar quem havia escrito *Double Falsehood*. Eles identificaram todas as peças conhecidas escritas por cada um dos possíveis autores. Em seguida, passaram cada uma delas por um software de análise de texto para identificar quantas palavras de cada peça apareciam em centenas de categorias diferentes. Quantos pronomes cada peça usava, se usava muitas palavras relacionadas à emoção e se tendia a usar palavras mais longas ou mais curtas.

Embora nem todas as obras de um determinado dramaturgo fossem idênticas nessas dimensões, ao examinar dezenas de peças, os cientistas conseguiram começar a identificar uma assinatura linguística para cada autor. Então, ao comparar essas assinaturas com o vocabulário usado em *Double Falsehood*, eles conseguiram determinar quem a havia escrito.

A análise sugeriu que a obra em questão não era fraude. Os três primeiros atos claramente haviam sido escritos por Shakespeare, e os outros dois provavelmente por seu colaborador em outras peças, John Fletcher. E, em concordância com sua reputação de ter uma mão pesada na hora da edição, o texto também revelou traços da assinatura de Theobald.

Dois cientistas comportamentais resolveram um mistério literário de séculos sem nem terem lido a peça.

O QUE A LINGUAGEM REVELA

Os primeiros seis capítulos deste livro focaram o impacto da linguagem. Como podemos usar palavras, frases e estilos linguísticos mágicos para sermos mais felizes, saudáveis e bem-sucedidos. Como a linguagem influencia colegas de trabalho, amigos e clientes.

No entanto, como o caso da peça *Double Falsehood* ilustra, a linguagem desempenha um papel duplo. As palavras não apenas influenciam e afetam as pessoas que as leem ou escutam, mas também refletem e revelam coisas sobre a pessoa (ou pessoas) que as criou.

Shakespeare usava relativamente poucas palavras relacionadas à emoção, enquanto Theobald usava muitas. Este tendia a usar muitas preposições e artigos, enquanto Fletcher lançava mão de muitos verbos auxiliares e advérbios. Escritores diferentes tendem a escrever de maneiras diferentes.

Assim, a linguagem é como uma impressão digital. Ela deixa rastros da pessoa (ou pessoas) que a criou.

Além disso, dado que pessoas semelhantes costumam usar a linguagem de maneira semelhante, podemos aprender muito sobre quem alguém é a partir dos rastos de sua linguagem. Pessoas mais velhas falam de maneira diferente das mais jovens, Democratas falam de maneira diferente dos Republicanos, e os introvertidos falam de maneira diferente dos extrovertidos.[2] Não que usem palavras completamente distintas, e sem dúvida existe alguma intercessão, mas saber o que alguém disse pode ajudar a prever com precisão sua idade, sua visão política e sua personalidade.

E o valor preditivo da linguagem não para por aí. É possível prever se alguém está mentindo com base nas palavras que usa e se estudantes vão se sair bem na faculdade com base nas palavras de sua redação do vestibular,[3] ou antever depressão pós-parto com base em postagens no Facebook[4] e se um casal está prestes a se separar com base em suas publicações nas redes sociais (mesmo as que não têm nada a ver com relacionamentos).[5]

As pessoas usam a linguagem para se expressar, se comunicar com os outros e atingir objetivos desejados, e, em consequência disso, a linguagem pode nos dizer muito sobre quem elas são, como estão se sentindo e o que devem fazer no futuro. Mesmo que não estejam se comunicando estrategicamente nem tentando falar de uma forma ou de outra, assim como Shakespeare e Theobald, as palavras usadas fornecem sinais reveladores de todos os tipos de coisa interessante e importante.

Como a probabilidade de inadimplência em um empréstimo bancário.

PREVENDO O FUTURO

Imagine que você está pensando em emprestar dinheiro para um de dois desconhecidos. Cada um está pedindo dois mil dólares para consertar o telhado de casa, e suas características demográficas e financeiras são idênticas. Eles têm a mesma idade, etnia e gênero, moram na mesma região do país e têm o mesmo nível de renda e pontuação de crédito. De fato, a única diferença entre eles são as palavras que usaram ao pedir o empréstimo.

Pessoa 1	Pessoa 2
Sou uma pessoa trabalhadora, casada há 25 anos e tenho dois filhos maravilhosos. Por favor, permita-me explicar por que eu preciso de ajuda. Eu usaria o empréstimo de $2.000 para consertar o telhado da nossa casa. Obrigado, Deus te abençoe, e prometo pagá-lo de volta.	Embora o ano passado em nossa nova casa tenha sido mais do que ótimo, o telhado agora está com um vazamento e eu preciso de $2.000 emprestados para cobrir o custo do conserto. Eu pago todas as contas (como prestações do carro, TV a cabo, luz, água, telefone) em dia.

Qual dessas pessoas você acha que tem maior probabilidade de pagar de volta o empréstimo?

Ao decidir se emprestam ou não dinheiro a alguém, os credores geralmente se concentram na capacidade de pagamento do possível mutuário. Mas, embora pareça uma pergunta simples, respondê-la muitas vezes acaba sendo bastante complexo. Empréstimos demoram muito para serem pagos e muitos imprevistos podem surgir ao longo do caminho. Consequentemente, bancos e outras instituições financeiras usam milhares de dados para estimar o risco de conceder o dinheiro.

A categoria mais básica é a solidez financeira do mutuário em potencial. O histórico rastreia quantas linhas de crédito (por exemplo, hipotecas, empréstimos e cartões) alguém contratou, se ele paga as contas em dia e se alguma foi repassada a terceiros. Uma pontuação, conhecida nos Estados Unidos como FICO, feita com base no histórico de crédito, nível de renda e de dívida também é usada. Alguém que já esteja muito endividado ou que entrou com pedido de falência no passado pode representar um risco maior de inadimplência.

Para além da saúde financeira, a demografia pode desempenhar um papel importante. Embora haja uma legislação que proíba que variáveis demográficas, como etnia e gênero, sejam usadas diretamente nas decisões de concessão de empréstimos, alguns credores podem contar com fatores correlacionados para ajudar na tomada de decisões.

Por fim, aspectos do próprio empréstimo entram em jogo: quanto mais dinheiro é pedido ou quanto maior a taxa de juros, maior pode ser a probabilidade de inadimplência.

Dito isso, embora todas essas informações possam ajudar a prever os riscos, elas não são um diagnóstico perfeito. Uma pontuação de crédito, por exemplo, fornece um instantâneo do que aconteceu no passado, mas, muitas vezes, deixa de lado fatores importantes, como estado de saúde e o tempo de emprego, que são mais voltados para o futuro. A personalidade e o estado emocional também influenciam o comportamento financeiro, mas não são captados por métricas puramente econômicas.

Será que as palavras que as pessoas usam podem fornecer informações complementares?

* * *

As plataformas de *crowdfunding* e empréstimo P2P desempenham um papel fundamental no mercado de empréstimos hoje em dia. Em vez de pedir um empréstimo a um grande banco, os consumidores podem postar o que precisam, e investidores individuais ou credores em potencial decidem quem vão financiar. Os investidores podem obter retornos mais elevados do que teriam com outros tipos de investimento, e os mutuários conseguem taxas de juros mais baixas do que com um banco tradicional. A Prosper, por exemplo, permitiu que mais de um milhão de pessoas pegassem mais de dezoito bilhões de dólares em empréstimos para tudo, desde a quitação de empréstimos universitários até a reforma de suas casas.

Além das informações quantitativas usuais (por exemplo, valor do empréstimo e pontuação de crédito), os potenciais mutuários também fornecem uma breve explicação. Uma descrição de como vão empregar o montante e por que um credor deveria escolhê-los. Alguém pode notar que seu negócio está se expandindo e que precisa de capital para aumentar o estoque. Outro pode dizer que precisa do dinheiro para consertar o telhado ou comprar materiais para a sala de aula.

Além do motivo do pedido, a linguagem que as pessoas usam também varia. As duas pessoas pedindo dinheiro para consertar seus telhados no exemplo acima usaram palavras bem diferentes para fazê-lo. Uma falou sobre como é uma "pessoa trabalhadora", enquanto a outra observou que paga "todas as contas (...) em dia". Uma falou sobre a família ("casada há 25 anos e tenho dois filhos maravilhosos"), enquanto a outra, não.

É fácil olhar para essas descrições como "conversa-fiada" sem fundamento. Afinal, só porque alguém promete que vai pagar o empréstimo, isso não é garantia de que o fará. Da mesma forma, qualquer um pode dizer que é confiável, mesmo que não o seja.

Mas, para descobrir se essa conversa aparentemente furada pode lançar luz sobre quem representa risco de inadimplência, os pesquisadores analisaram mais de 120 mil solicitações de empréstimo.[6] Além de dados financeiros e demográficos (por exemplo, endereço, gênero e idade), eles também analisaram o texto que os candidatos forneceram nos pedidos. Tudo, desde informações potencialmente relevantes, como terem dito de que forma o dinheiro seria usado (consertar um telhado ou aumentar o estoque do negócio) até aquelas aparentemente irrelevantes, como se mencionaram família ou religião.

Não surpreende que as informações financeiras e demográficas tenham sido bastante úteis. Usando apenas essas variáveis, é possível prever quem ficaria inadimplente com uma precisão razoável.

Mas a análise do texto aprimorou o processo. Incorporar o que as pessoas escreveram em suas descrições aumentou significativamente o grau de acerto das previsões. Em comparação com o uso dos dados financeiros e demográficos isoladamente, a incorporação de informações textuais fez aumentar o retorno dos credores sobre o investimento em quase 6%.

Inclusive, o texto por si só era quase tão preditivo quanto as informações financeiras e demográficas usuais a que os bancos costumam recorrer. Embora os mutuários claramente desejassem obter financiamento, sem perceber, as palavras que eles usaram lançaram luz sobre a probabilidade de eles quitarem o empréstimo.

Pesquisadores também identificaram quais palavras ou frases faziam uma melhor distinção entre adimplentes e inadimplentes. Os primeiros eram mais propensos a usar palavras e frases relacionadas à sua situação financeira (por exemplo, "juros" e "impostos") ou melhorias na capacidade financeira ("graduar-se" e "promover"). Eles também usaram palavras e frases que indicavam alfabetização financeira ("reinvestimento" e "pagamento mínimo"), e eram mais propensos a abordar tópicos como emprego e escolaridade, reduções nas taxas de juros e prestações mensais.

Os inadimplentes, por outro lado, usavam uma linguagem marcadamente diferente. Eram mais propensos a mencionar palavras ou frases relacionadas a dificuldades financeiras (por exemplo, "cheque especial" ou "refinanciamento") ou dificuldades em geral ("estresse" ou "divórcio"), bem como palavras e frases que tentavam explicar a situação ("explicar o motivo"), ou tratar de seu estado de trabalho ("trabalho árduo" ou "trabalhador"). Da mesma forma, eram mais propensos a implorar por auxílio ("preciso de ajuda" ou "por favor, me ajude") ou a mencionar religião.

Na prática, enquanto as pessoas que usaram a palavra "reinvestimento" tiveram quase cinco vezes mais chances de quitar o empréstimo, aquelas que usaram a palavra "Deus" tiveram quase duas vezes mais chances de inadimplência.

Em outros casos, adimplentes e inadimplentes falaram sobre assuntos semelhantes, mas de maneiras diferentes. Ambos usaram palavras relacionadas a tempo, por exemplo, mas os inadimplentes pareciam se concentrar mais no curto prazo ("mês seguinte"), enquanto os adimplentes tratavam do prazo mais longo ("ano que vem"). Da mesma forma, ambos falaram sobre pessoas, mas, enquanto os pagadores falavam sobre si mesmos ("eu tive", "eu vou" e "eu sou"), os inadimplentes tendiam a falar sobre os outros ("Deus", "ele" ou "mãe"). E, mesmo quando os inadimplentes se incluíam na conversa, tendiam a usar o plural "nós", em vez de "eu".

Feitos semelhantes foram encontrados em vários outros campos. Compradores online que usam apenas letras minúsculas ao digitar o nome e o endereço de entrega, por exemplo, têm duas vezes mais chances de não pagar pelo que pediram. Compradores cujo e-mail inclui o nome e/ou o sobrenome, por outro lado, têm menos probabilidade de inadimplência.

Voltando às duas pessoas que pediram ajuda para consertar seus telhados, ambas fizeram pedidos convincentes. Ambas pareciam pessoas bacanas que usariam o dinheiro para um bom propósito.

Pessoa 1	Pessoa 2
Sou uma pessoa trabalhadora, casada há 25 anos e tenho dois filhos maravilhosos. Por favor, permita-me explicar por que eu preciso de ajuda. Eu usaria o empréstimo de $2.000 para consertar o telhado da nossa casa. Obrigado, Deus te abençoe, e prometo pagá-lo de volta.	Embora o ano passado em nossa nova casa tenha sido mais do que ótimo, o telhado agora está com um vazamento e eu preciso de $2.000 emprestados para cobrir o custo do conserto. Eu pago todas as contas (como prestações do carro, TV a cabo, luz, água, telefone) em dia.

Mesmo assim, a Pessoa 2 tem mais chances de quitar o empréstimo. Embora a Pessoa 1 possa parecer mais atraente, na verdade as chances de ela entrar em inadimplência são oito vezes maiores.

O vocabulário das pessoas revelou suas ações futuras. Mesmo que quisessem esconder, ou que não percebessem, o que elas iriam fazer transbordou através da linguagem.

O QUE A LINGUAGEM NOS DIZ SOBRE A SOCIEDADE

O fato de a linguagem revelar quem é o autor de uma peça ou se alguém vai deixar de pagar um empréstimo bancário é fascinante, mas as palavras podem fazer muito mais. Porque, além de nos contar coisas sobre pessoas específicas, elas também revelam coisas sobre a sociedade de forma mais ampla. Os preconceitos e as crenças que moldam a forma como vemos o mundo.

* * *

O machismo está por toda parte. Da contratação e avaliação ao reconhecimento e à remuneração, as mulheres geralmente são vistas de forma menos favorável e tratadas de forma menos justa. Elas muitas vezes recebem menos que os homens em cargos idênticos, e um mesmo currículo é visto como menos qualificado e recebe um salário menor se estiver associado a um nome feminino em vez de masculino.

Mas de onde vêm esses preconceitos? E como eles podem ser mitigados?

Ao falar do machismo, de crimes violentos ou de quase qualquer outra mazela social, os críticos costumam culpar a cultura. Eles dizem que videogames violentos tornam as pessoas mais agressivas, ou que músicas misóginas reforçam o machismo.

E há algo verdadeiro nisso. Letras de músicas que retratam as mulheres de forma negativa estimulam posturas e comportamentos misóginos. Letras que defendem a igualdade, no entanto, podem estimular a adesão ao feminismo. Consequentemente, um dos motivos pelos quais os estereótipos e preconceitos podem ser tão persistentes é que eles são continuamente reforçados por músicas, livros, filmes e outros produtos culturais que consumimos todos os dias.

No entanto, ainda que esses produtos culturais possam ter um impacto, a composição deles é menos transparente. Vejamos a música: as letras são realmente tendenciosas contra as mulheres? E como elas mudaram ao longo do tempo?

Para responder a essa pergunta, Reihane Boghrati e eu compilamos mais de um quarto de milhão de músicas lançadas de 1965 a 2018.[7] Tudo, desde os hits atuais (por exemplo, John Mayer e Usher) e clássicos antigos ("Midnight Train to Georgia", de Gladys Knight), passando por outras das quais você nunca ouviu falar dezenas de milhares de músicas pop, rock, hip-hop, country, dance e R&B.

E, em vez de pessoas ouvirem cada uma das músicas, o que seria demorado e subjetivo, usamos a análise de texto automatizada.

Semelhante à abordagem usada pelos "detetives" de Shakespeare, analisamos a letra de cada música por meio de um algoritmo para entender se falavam sobre gêneros diferentes de maneira distinta. Não apenas se as letras diziam coisas explicitamente positivas ou negativas, mas se exibiam algum tipo de viés mais sutil e potencialmente mais impactante — como aquele que se verifica na seleção de candidatos a um emprego.

Imagine que haja dois candidatos a uma vaga, Mike e Susan. Ambos são sensacionais. Mike é extremamente capacitado e experiente, e Susan é supersimpática e prestativa. Não existem palavras para descrever os méritos dos dois.

Percebeu o que aconteceu aqui? Provavelmente, não. Porque estamos acostumados a pensar no preconceito como algo bastante explícito.

Se um recrutador trata homens e mulheres de maneira diferente, ele é indiscutivelmente machista. Ou, se um currículo é visto de forma positiva quando o candidato se chama Dylan (um nome estereotipadamente branco), em vez de DeAndre (um nome estereotipadamente afro-americano), é fácil perceber o racismo.

Mas acontece que formas mais sutis de preconceito podem ser igualmente nocivas. Repare na forma como Mike e Susan foram descritos. Na superfície, ambos foram elogiados. Mas o modo pelo qual as palavras são positivas difere.

À semelhança das palavras usadas para descrever Mike ("capacitado" e "experiente"), os homens são frequentemente descritos com base em sua competência. O quanto são sagazes, inteligentes ou bem-sucedidos, se são estrategistas e o quão bons são em resolver problemas. Faça uma busca por imagens de pessoas competentes, existe o dobro de probabilidade de que o resultado apresente homens em vez de mulheres.[8]

Ao falar sobre mulheres, no entanto, as pessoas geralmente se concentram em outras características. A exemplo das palavras usadas para descrever Susan ("simpática" e "prestativa"), as mulheres são frequentemente descritas com base no acolhimento. O quão carinhosas, solidárias e afáveis elas são, e se são boas em construir relacionamentos positivos ou ajudar os outros a se desenvolverem. Procure por imagens de pessoas acolhedoras, e quase dois terços das imagens serão de mulheres.

A diferença entre acolhimento e competência pode parecer pequena, mas tem grandes consequências. Contratações e promoções, por exemplo, principalmente em cargos de liderança, em geral, dependem da competência que as pessoas exibem. E como a linguagem usada para descrever as mulheres tem uma probabilidade menor de focar esse aspecto, isso as coloca em desvantagem.

Examinamos se essa diferença linguística aparecia na música. Se as músicas eram menos propensas a falar sobre a competência ou a inteligência ao falar sobre mulheres, e se isso mudou ao longo do tempo.

As evidências foram indiscutivelmente controversas. De certa forma, as coisas melhoraram. Nos anos 1970 e início dos anos 1980, as letras eram notadamente enviesadas contra as mulheres. Quando falavam sobre alguém inteligente, esperto, ambicioso ou corajoso, era muito mais provável que essa pessoa fosse um homem. No fim dos anos 1980 e início dos anos 1990, porém, as coisas tomaram um rumo mais equilibrado. Seja olhando para o pop, o dance, o country, o R&B e até para o rock, as coisas ficaram mais contrabalançadas, com as mulheres sendo descritas de maneira mais semelhante aos homens.

No fim da década de 1990, no entanto, esse progresso foi revertido. As letras voltaram a ser preconceituosas e permanecem assim até hoje. Não tanto quanto nos anos 1970, mas certamente mais do que no início dos 1990. As pessoas costumam culpar o hip-hop por ser particularmente misógino, e o gênero ganhou popularidade no início dos anos 1990, então talvez isso tenha impulsionado a mudança. Mas culpar o hip-hop é ser simplista demais, porque uma variedade de outros gêneros apresentou padrões semelhantes. A música country, por exemplo, também se tornou mais enviesada na década de 1990, assim como o R&B e, até certo ponto, o dance.

Além disso, essas mudanças parecem ser orientadas pela linguagem usada pelos homens. A linguagem das compositoras não mudou muito. Mesmo desde a década de 1970, elas tendiam a falar sobre homens e mulheres de maneira semelhante, e isso se mantém até hoje. Mas a dos compositores sofreu uma mudança muito maior: eles começaram preconceituosos nos anos 1970, melhoraram até o início dos anos 1990 e, nas últimas décadas, a melhoria se estabilizou.

A música não é o único domínio que apresenta essas diferenças de gênero. Os livros infantis são dominados por personagens masculinos, e, mesmo quando são usados animais, é três vezes mais provável que sejam do sexo masculino.[9] Nos livros didáticos, três quartos das pessoas mencionadas são homens;[10] nos filmes, apenas 30% dos personagens com alguma fala são mulheres; e, em estudos de caso nas faculdades de administração, apenas 11% dos protagonistas são mulheres.

E não se trata apenas de ser ou não mencionado. Quando citados, homens e mulheres são tratados de maneira diferente.[11] Em matérias de jornal, é mais provável que homens tenham cargos como capitão ou chefe, ao passo que é mais provável que as mulheres sejam donas de casa ou recepcionistas. Nos filmes, as personagens femininas falam menos sobre coisas relacionadas ao sucesso. E, nos esportes, as tenistas têm duas vezes mais chances de ouvir perguntas não relacionadas ao tênis (por exemplo, onde fizeram as unhas).

É fácil culpar as pessoas por esse problema. Afinal de contas, foram indivíduos que escolheram pessoas com cargos diferentes, e foram indivíduos que fizeram perguntas distintas às tenistas.

Mas, no conjunto, essas escolhas individuais revelam bastante sobre as sociedades das quais esses indivíduos fazem parte, de maneira mais ampla. Porque, se apenas uma pequena parte dos jornalistas ou músicos fosse machista, isso mal seria notado. As posturas preconceituosas seriam ofuscadas pela porcentagem muito maior de pessoas com tratamento igualitário.

O fato de esses preconceitos persistirem em centenas, milhares ou mesmo milhões de exemplos, no entanto, sugere que existe algo mais profundo. Em vez de ser um reflexo de algumas pessoas e das escolhas individuais que elas fazem, essas migalhas linguísticas sugerem que as questões são muito mais arraigadas. Que existem formas entranhadas de enxergar e de tratar diferentes grupos, de uma forma que pode ser muito mais difícil de mudar.

E em nenhum lugar isso é mais visível do que nas questões raciais.

RACISMO E POLÍCIA

Breonna Taylor foi morta em 13 de março de 2020. Pouco depois da meia-noite, policiais invadiram o apartamento da técnica de emergência de 26 anos. Taylor estava dormindo àquela hora, e, na confusão que se seguiu, os policiais dispararam 32 vezes, atingindo-a seis e matando-a.

George Floyd foi assassinado em 25 de maio de 2020. Ele havia usado uma nota de vinte dólares para comprar um maço de cigarros em uma loja de conveniência, e o funcionário do caixa, desconfiando de que a nota era falsa, chamou a polícia. Dezessete minutos após a chegada da primeira viatura, Floyd foi imobilizado por três policiais até perder a consciência. Menos de uma hora depois, sua morte foi confirmada.

Esses são apenas dois exemplos envolvendo policiais e cidadãos afro-americanos. Os incidentes provocaram protestos nos Estados Unidos, levaram ao ressurgimento do movimento Black Lives Matter e catalisaram debates nacionais sobre questões raciais e a polícia.

Em meio a esses incidentes de grande repercussão, porém, o que muitas vezes se perde são as interações cotidianas entre policiais e suas comunidades. É redundante dizer o quanto essas são questões complicadas. Policiais, homens e mulheres, arriscam suas vidas todos os dias para proteger as comunidades a que servem, e todos os cidadãos, independentemente de raça ou etnia, têm direito à segurança, proteção e igualdade de tratamento. Segundo algumas estimativas, mais de 25% da população entra em contato com um policial em algum momento do ano, e a interação mais comum é quando a pessoa é parada enquanto está dirigindo.

Além da frequência, essas interações têm um impacto muito relevante. Cada uma delas é uma oportunidade de fortalecer ou minar a confiança das pessoas na polícia, de estreitar os laços com a comunidade ou enfraquecê-los.

Mas como são essas interações cotidianas? Os membros das comunidades negra e branca são tratados de maneira diferente?

A resposta parece depender de para quem você pergunta. Os membros da comunidade negra relatam mais experiências negativas com policiais. Eles descrevem ser tratados de forma mais injusta, mais severa e mais desrespeitosa.

Mais de três quartos dos afro-americanos disseram que a polícia não trata as pessoas negras de forma tão justa quanto as brancas.[12]

Os policiais, não surpreendentemente, veem as coisas de outra forma. A maioria rejeita a ideia de que seu comportamento é preconceituoso.[13] Eles veem as mortes de pessoas negras como incidentes isolados, motivados por algumas maçãs podres ou pelas circunstâncias. Muitos acreditam que os policiais estão simplesmente combatendo o crime e que, em vez de serem motivados por preconceitos, quaisquer diferenças de tratamento que existam se devem pelas diferenças raciais de quem está cometendo esses crimes.

Qual é a resposta, então?

Em 2017, cientistas de Stanford tentaram descobrir.[14] As interações dos policiais com a comunidade dependem obviamente de uma série de fatores complexos, mas, para começar a entender o que está acontecendo, eles se concentraram na linguagem, na forma como policiais falam com membros de ambas as comunidades.

Tendo como objeto a cidade de Oakland, na Califórnia, os cientistas examinaram imagens de câmeras corporais de milhares de paradas de rotina no trânsito. Analisaram centenas de casos em que motoristas negros foram parados e um número semelhante em que o motorista era branco.

Essas interações geralmente seguem um roteiro padrão. Um motorista é parado por estar em excesso de velocidade ou estar com o documento vencido. Depois de fazer algumas anotações, conferir a placa do carro e se certificar de que tudo está em ordem, o policial vai até o vidro do lado do motorista.

Quando as coisas vão bem, tem início uma conversa. O policial explica por que o carro foi parado e pede a habilitação e o documento para conferir possíveis antecedentes. O motorista fornece as informações e espera pacientemente enquanto as verificações necessárias são feitas. Por fim, a situação é resolvida e as duas partes se despedem. A pessoa pode receber uma multa ou advertência para consertar alguma coisa, mas tudo termina de maneira amistosa.

Nem todas as conversas, porém, são diretas assim, e existem inúmeras formas de a interação dar errado. O policial pode ter receio de que o motorista esteja armado, bêbado ou drogado. A pessoa que foi parada pode ficar com medo ou ansiosa, e fazer um ataque verbal ou de outro tipo. A situação pode sair do controle em questão de segundos.

Embora ambos os lados obviamente desempenhem um papel, as palavras usadas pelos policiais são cruciais. Eles podem transmitir respeito e compreensão ou desprezo e descaso. Podem acalmar um motorista preocupado ou deixá-lo ainda mais ansioso.

Ao estudar a linguagem usada pelos policiais, os pesquisadores analisaram se motoristas brancos e negros eram tratados com diferentes graus de respeito. Assistir a cada interação seria demorado, e os próprios preconceitos dos pesquisadores poderiam afetar o julgamento, então deixaram a linguagem falar por si. Eles usaram o aprendizado de máquina para medir e quantificar objetivamente a linguagem utilizada.

As descobertas foram impressionantes. Centenas de horas de interações mostraram que a linguagem usada com motoristas negros era menos educada, menos simpática e menos respeitosa.

Ao falar com motoristas brancos, por exemplo, os policiais eram mais propensos a usar tratamentos formais ("senhor" ou "senhora"), sinalizar segurança ("Está tudo bem", "Não se preocupe" ou "Sem problemas") ou reforçar a autonomia do motorista ("Você pode" ou "Você poderia"). Havia maior probabilidade de chamar o motorista pelo sobrenome, falar sobre segurança ou usar palavras positivas.

Ao abordar motoristas negros, no entanto, os oficiais eram mais propensos a usar um tratamento informal, fazer perguntas ou dar ordens para que mantivessem as mãos no volante. Em suma, as descobertas demonstram que "as interações da polícia com membros da comunidade negra são mais turbulentas do que aquelas com os da comunidade branca".

Para ser justo, alguém poderia se perguntar se essas diferenças não seriam motivadas por algo diferente de raça. Talvez os policiais sejam mais educados com os motoristas brancos porque os que foram parados eram mais velhos ou, em sua maioria, mulheres. Quem sabe as diferenças se devessem à gravidade das infrações. Se alguns motoristas foram parados por coisas pequenas (por exemplo, uma lanterna traseira quebrada) e outros por coisas mais graves, talvez a infração em si tenha provocado as diferenças linguísticas. Ou, talvez, elas se devessem à própria raça do policial ou ao fato de haver uma busca em curso.

Mesmo levando em consideração todos esses aspectos, porém, os resultados ainda se mantiveram. Os policiais falaram com os membros da comunidade negra com menos respeito. Quando eram pessoas da mesma idade e do mesmo sexo, paradas na mesma região da cidade, pelo mesmo tipo de problema, a linguagem dos policiais foi mais respeitosa com a pessoa branca.

E essa diferença não foi impulsionada apenas por alguns poucos oficiais fora da curva. Entre centenas de policiais, fossem brancos, negros, hispânicos, asiáticos ou de outras etnias, o padrão persistia: motoristas negros eram tratados com menos respeito.

Como observou um dos pesquisadores: "Se olharmos apenas para as palavras que foram usadas pelo policial, podemos prever a raça da pessoa com quem ele estava falando em aproximadamente dois terços das ocasiões".

Enquanto os motoristas brancos são mais propensos a ouvir algo como "Aqui está, senhora. Dirija com cuidado, por favor" ou "Sem problemas. Muito obrigado, senhor", os motoristas negros tendiam a ouvir algo bem diferente. Frases como "Posso ver essa carteira de motorista de novo?", ou "Tudo bem, meu rapaz. Me faz um favor. Não tira as mãos aí do volante, vamos lá". A raça afetou, inclusive, coisas sutis como o tom de voz. Ao falar com motoristas negros, os policiais soaram mais negativos. Pareciam mais tensos, menos simpáticos e menos respeitosos. Também eram mais propensos a serem arrogantes com pessoas negras do que com pessoas brancas. Não surpreende que essas diferenças linguísticas tenham consequências importantes. Comparado ao tom usado com os motoristas brancos, ouvir o usado pelos policiais com os motoristas negros reduz a confiança no departamento de polícia e passa a sensação de que os oficiais se importam menos com sua comunidade.

Tomadas em conjunto, essas diferenças, supostamente pequenas, davam origem a disparidades raciais bem mais abrangentes.

O estudo de Stanford levanta uma série de questões importantes. É fácil chamar os policiais de racistas ou apontar isso como evidência de que a polícia tem algo contra a comunidade afro-americana. E essa é, sem dúvida, uma forma de olhar para os resultados.

Mas a verdade é provavelmente mais sutil e mais complexa.

Alguns policiais podem ser racistas. E, dadas as consequências mais amplas de oficiais em casos particulares de grande repercussão, esse é quase certamente o caso.

Mas, independentemente disso, mesmo que não seja intencional, uma parcela muito maior de policiais trata brancos e negros de maneira diferente. A maioria tem boas intenções e está simplesmente fazendo o melhor que pode em situações difíceis. Mas, quer percebam ou não, quer tenham a intenção ou não, as palavras que usam diferem. E isso torna o problema subjacente ainda mais difícil de ser resolvido.

Porque uma coisa é identificar alguns oficiais racistas. Localizar as maçãs podres e se livrar delas. Mas mudar estereótipos, correlações, hábitos e respostas arraigados de centenas de milhares de policiais exige muito mais esforço.

E o racismo não se restringe apenas à atuação dos policiais no trânsito. Livros costumam ter falas preconceituosas contra asiático-americanos (são mais propensos a chamá-los de passivos ou afeminados), notícias costumam ser preconceituosas contra o Islã (são mais propensos a associá-lo ao terrorismo) e existem inúmeras outras formas pelas quais a cultura é preconceituosa. Ao perceber a existência dessas discriminações sutis, é possível começar a extirpá-las.

A boa notícia é que a linguagem pode ajudar. Porque, mesmo que quase todos os policiais tenham boas intenções e estejam tentando fazer a coisa certa, a linguagem deles nos mostra onde podem ser feitas melhorias. Pontos em que, mesmo que não percebam, estão tratando as pessoas de maneira diferente. E, ao identificar até preconceitos não intencionais, esperamos que as coisas possam ser colocadas no rumo certo.

Epílogo

Os malefícios de se dizer às crianças que elas são inteligentes

Ao longo do livro, falamos sobre o poder das palavras mágicas. Como as palavras que usamos e a forma como as usamos podem ter um grande impacto em nossa felicidade e em nosso sucesso. Como podem nos ajudar a convencer os outros, aprofundar os laços sociais e a nos comunicarmos de forma mais eficaz.

Primeiro, falamos sobre a linguagem da *identidade* e da *autonomia*. Como, em vez de apenas comunicar pedidos ou transmitir informações, as palavras podem indicar quem está no comando, quem é o culpado, e o que significa se engajar em uma determinada ação. Aprendemos a aumentar nossa influência transformando ações em identidade (por exemplo, ajudar → ajudante ou votar → eleitor), a nos ater aos nossos objetivos transformando o *não posso* em *não quero*, e a solucionar problemas de modo mais criativo ao transformar o que *poderia* em *deveria*. Exploramos como falar com nós mesmos pode ser uma ferramenta útil para reduzir a ansiedade e melhorar o desempenho, e quando palavras como "você" são úteis ou prejudiciais.

Depois, discutimos a linguagem da *confiança*. Como, além de atestar fatos e opiniões, as palavras comunicam o grau de certeza que temos em relação a esses fatos e opiniões. Descobrimos por que o modo como os advogados falam pode ser tão importante quanto os argumentos, como falar com poder, e por que devemos transformar pretérito em presente (por que dizer que um restaurante "tem", em vez de "tinha", uma ótima comida aumenta a probabilidade de outras pessoas irem lá). Ao longo da trajetória, aprendemos as palavras que fazem os comunicadores parecerem mais dignos de crédito, confiança e autoridade e quando é melhor parecer certo e quando é melhor expressar dúvida. Quando deixar de lado as evasivas ("pode ser" ou "eu acho") e hesitações ("hum" ou "ahn") e quando elas podem não ser tão prejudiciais.

Em terceiro, exploramos a linguagem das *perguntas*. Embora muitas vezes pensemos que elas nos ajudam a obter informações, elas fazem mais que isso. Aprendemos por que pedir conselhos pode, no fim das contas, nos ajudar a parecer mais competentes, e por que as pessoas que fazem mais perguntas em um primeiro encontro têm maior probabilidade de conseguir um segundo. Mas, além dos benefícios das perguntas em geral, também aprendemos quais tipos de questões são mais eficazes, e a hora certa de fazê-las; por que as perguntas de acompanhamento são particularmente rentáveis; como usar indagações para se esquivar, como fazer perguntas que evitem suposições; e como aprofundar os laços sociais com qualquer pessoa, desde estranhos a colegas de trabalho, fazendo as perguntas certas na ordem certa (por exemplo, partir de um lugar seguro).

Em quarto, falamos sobre a linguagem da *concretude*. Quer estejamos conversando com clientes, colegas de trabalho, parentes ou amigos, muitas vezes caímos na maldição do conhecimento. Comunicamo-nos em um nível que achamos fácil de entender, mas que entra por um ouvido de nossos interlocutores e sai pelo outro. A concretude linguística ajuda nesse caso. Falamos sobre como sinalizar que prestamos atenção, sobre como dizer "consertar" em vez de "resolver" um problema aumenta o grau de satisfação do cliente, e por que citar a cor de uma camiseta estimula as vendas. Exploramos por que uma linguagem específica e vívida auxilia a mostrar que estamos ouvindo, retém a atenção e torna as ideias mais fáceis de serem entendidas. Mas também analisamos quando é melhor ser abstrato e como o uso dessa linguagem pode ajudar start-ups a captar fundos ou a sinalizar um potencial de liderança.

Quinto, discutimos a linguagem da *emoção*. Às vezes, as pessoas acham que são os fatos que convencem as pessoas, mas isso costuma ser equivocado. A linguagem emotiva pode ser uma forma poderosa de chamar a atenção, cativar o público e estimular as pessoas a agir. Exploramos o que compõe uma boa história e o valor dos pontos baixos para tornar os pontos altos mais impactantes. Mas também abordamos por que é importante levar em conta o contexto, e pensar além de meramente o que é positivo ou negativo. Por que "incrível" e "perfeito" são palavras positivas, mas qual delas usar depende do tipo de contexto em que estamos (mais lúdico ou mais prático). E vimos como criar apresentações, histórias e conteúdos que despertem o interesse, independentemente do assunto.

Em sexto lugar, exploramos a linguagem da *semelhança* (e da diferença): como as pessoas que escrevem de maneira mais parecida com seus colegas têm mais chances de serem promovidas, e como indivíduos que falam de maneira mais parecida em um primeiro encontro têm mais chances de sair uma segunda vez. Mas, para que não fique parecendo que sinalizar semelhança é sempre bom, falamos sobre quando e por que a diferença é melhor; por que as músicas mais populares tendem a divergir do gênero a que pertencem e como citações com palavras incomuns são mais fáceis de lembrar; como a linguagem pode ajudar a mensurar a velocidade com que as histórias avançam, quando é melhor ir mais rápido ou mais devagar e como o volume e a linearidade dos filmes, das séries e dos livros ajudam a prever se eles serão ou não um sucesso.

Embora distintos, esses seis tipos de palavras mágicas podem nos ajudar em todas as áreas da vida.

Além disso, enquanto os primeiros seis capítulos se concentraram no impacto da linguagem ou na forma como pode ser usada para influenciar as pessoas, o último capítulo examinou um outro aspecto de como as palavras são mágicas: o que elas revelam sobre as pessoas e a sociedade que as criaram. Como pesquisadores identificaram uma peça perdida de Shakespeare sem sequer lê-la e por que os vocábulos que os solicitantes de um empréstimo usam no pedido lançam luz sobre a probabilidade de inadimplência. Como a análise de centenas de milhares de músicas respondeu à velha questão de saber se a música é mesmo misógina (e se isso mudou com o tempo), e o que a linguagem usada pelos policiais pode nos dizer sobre o preconceito racial velado.

O termo "palavras mágicas" é normalmente usado para descrever uma linguagem que tem um impacto inacreditável. Ao dizer coisas como "Abracadabra!", "Hocus pocus" ou "Abre-te sésamo!", mágicos e místicos foram capazes de fazer coisas que pareciam impossíveis.

E, de fato, como mostramos ao longo do livro, as palavras certas usadas na hora certa podem ter um poder enorme. Elas nos ajudam a persuadir colegas e clientes, engajar uma pessoa ou plateias inteiras e a nos conectar com amigos e cônjuges.

Mas, embora o impacto dessas palavras possa parecer mágico, não precisamos ser magos para usá-las. Ao contrário de um feitiço ou de um baú misterioso, elas funcionam com base na ciência do comportamento humano.

Ao entender como as palavras mágicas funcionam, qualquer um pode tirar proveito de seu potencial.

* * *

O livro começou com uma história sobre Jasper e sua descoberta da palavra mágica "por favor". E, à medida que ele cresce, é divertido ver como descobre palavras e o que elas significam. Ele é como uma esponja. Um dia, do nada, começou a dizer "basicamente", talvez porque ouviu alguém usá-la. Depois, começou a dizer que precisava de algo *imediatamente*, pelo mesmo motivo.

Ele também começou a criticar a forma como eu uso as palavras. Um dia, eu disse a ele que *precisava* que ele vestisse o casaco. Ele respondeu que eu *não* precisava que ele vestisse o casaco, mas que eu *queria* que ele o fizesse. Vamos ver o que ainda vai aprontar.

Existe uma pesquisa, no entanto, na qual penso bastante.

A paternidade muitas vezes parece um pouco como ser um cão pastor. Seu trabalho é estimular alguém a seguir na direção certa, mas, na maioria das vezes, esse alguém está mais interessado em fazer outra coisa. Portanto, você precisa cutucar, persuadir e bajular. Pedir para que ele calce o sapato. Lembrar que não pode empurrar a irmã. Pedir mais uma vez para ele calçar o sapato, desta vez, com um pouco mais de vigor.

Elogiar parece muito mais fácil. Quando as crianças descobrem alguma coisa sozinhas, mostram um desenho que acabaram de fazer ou gabaritam uma prova de matemática, temos uma oportunidade de comemorar e aplaudir.

No fim da década de 1990, porém, dois cientistas comportamentais da Universidade Columbia se perguntaram se a *forma* como elogiamos tinha alguma relevância.[1] Mais especificamente, se o uso de determinadas palavras ao sinalizar aprovação pode ajudar a moldar a motivação das pessoas.

Eles pegaram um grupo de alunos do quinto ano e pediram que resolvessem alguns problemas de raciocínio abstrato. Coisas como olhar para uma série de formas e descobrir qual, dentre várias opções, seria a sequência.

Os alunos se dedicaram aos problemas por alguns minutos e, em seguida, os pesquisadores deram feedback sobre como eles estavam indo. Todos ouviram que estavam se saindo bem ("Nossa, você foi ótimo nesses problemas"), mas, além disso, alguns também foram elogiados por suas qualidades, nesse caso, a inteligência ("Você é muito esperto nesse tipo de problema").

Os pesquisadores escolheram essa forma de elogio porque é uma abordagem padrão diante de trabalhos bem-feitos. Quando alunos acertam a resposta ou funcionários solucionam um problema difícil, geralmente os elogiamos por sua inteligência. Nós os elogiamos por serem espertos ou sagazes, julgando que isso vai estimulá-los a continuar aprendendo, trabalhando ou se esforçando. Mas os pesquisadores se perguntaram o que aconteceria quando os receptores dos elogios se deparassem com adversidades ou quando se atrapalhassem um pouco.

Então, depois de receber o feedback positivo inicial, foram dados aos alunos problemas mais difíceis. Desta vez, eles foram informados de que haviam se saído mal ("muito pior") e resolvido menos da metade dos exercícios. Todos, então, receberam um terceiro conjunto, de dificuldade semelhante ao primeiro, e os pesquisadores observaram como eles se saíam.

Os alunos que não haviam sido elogiados se saíram tão bem quanto antes, nem melhor nem pior. Eles resolveram um número semelhante de problemas e se divertiram muito fazendo isso.

Mas os alunos que haviam sido elogiados por suas qualidades, em particular por sua inteligência, se saíram pior. Em vez de ajudar o desempenho deles, o elogio os prejudicou. Os alunos que foram enaltecidos por sua inteligência resolveram menos problemas do que antes e se saíram ainda pior do que os alunos que não haviam sido elogiados.

E havia uma série de outras consequências negativas também: parabenizar os jovens por sua inteligência não apenas piorava o desempenho deles, como também reduzia o grau de prazer deles em resolver quebra-cabeças e os deixava menos interessados em insistir na resolução.

Elogiar a inteligência deles mudou a forma como os alunos viam as coisas. Em vez de se manterem interessados em aprender ou de gostar de resolver os quebra-cabeças, isso os levou a ver a resolução dos problemas como uma oportunidade de mostrar o quanto eles eram espertos. A inteligência se tornou uma coisa fixa que eles tinham ou não. E se o sucesso era sinal de que eles eram inteligentes, o fracasso significava que eram burros — o que os deixava menos interessados em se esforçar quando se deparavam com contratempos.

Mas isso não significa que todo elogio é prejudicial.

Com outro grupo de alunos, os cientistas estruturaram o elogio de maneira ligeiramente diferente. Em vez de enaltecer o *indivíduo*, ou dizer como ele era inteligente, os pesquisadores elogiaram o *processo*, ou o esforço que ele estava fazendo ("Você deve ter trabalhado bastante nesses problemas").

Como acontece com muitos conceitos sobre os quais falamos ao longo do livro, a diferença entre essas abordagens pode parecer absurdamente pequena. Afinal, todos os estudantes foram informados de que haviam se saído bem, e apenas duas ou três palavras mudaram em relação ao que foi dito.

Mas esses dois ou três vocábulos fizeram uma grande diferença. Em vez de afetar a motivação deles, elogiar o processo dos alunos ou o quanto eles haviam se esforçado os impeliu a persistir. Eles ficaram mais motivados, resolveram mais problemas e gostaram mais da experiência. Ficaram mais interessados em aprender e menos em apenas obter um bom resultado, e essa mudança de mentalidade os levou a ter um desempenho melhor, no fim das contas.

Dizer a uma pessoa que ela é inteligente, boa em matemática ou uma ótima oradora implica que o desempenho dela depende de uma característica estável. Se ela for bem em uma prova, tem essa característica, mas, se for mal, bem, está fadada ao azar. Não tem o que é preciso, e não há muito o que possa fazer para mudar isso.

Reformular esse feedback com um elogio ao processo, porém, aumenta as chances de se obter o efeito desejado. Dizer a uma pessoa que ela *foi* bem — ou que *fez* um bom trabalho — em uma prova ou apresentação concentra-se menos em características estáveis e mais na instância específica em questão. O mesmo vale para frases como "Muito bem, você deve ter se esforçado bastante!" ou "Você estudou mesmo, e os seus resultados mostram isso". O que significa que, se as coisas não forem tão bem de vez em quando, isso não sinaliza um defeito nem ausência de capacidade. É apenas um passo em falso, e um lembrete para se esforçar mais da próxima vez.

Algumas palavras (mágicas) podem fazer toda a diferença.

Apêndice

Guia de referência para usar e aplicar o processamento de linguagem natural

Em grande parte, este livro se concentrou em indivíduos e em como, ao compreender as novidades da ciência da linguagem, podemos aumentar nosso grau de influência e ser mais bem-sucedidos, tanto na vida pessoal quanto na profissional.

Mas as mesmas ferramentas descritas aqui são igualmente úteis para empresas e organizações. Eis apenas alguns exemplos de como elas estão sendo implantadas.

ANÁLISE DE CLIENTES

Um campo onde muitas empresas estão usando o processamento de linguagem natural é na análise de clientes. Usando o que eles, ou os em potencial, escrevem ou dizem ajuda a prever o comportamento futuro deles ou a estimular as ações desejadas.

Vejamos a segmentação, por exemplo. Alguns clientes podem ter problemas ou reclamações, mas como sabemos quais encaminhar para onde? Ao usar as palavras deles, podemos ter uma noção melhor do que eles estão buscando e a quem os conectar. Podemos até usar o aprendizado de máquina para descobrir quem tem maior probabilidade de cancelar o serviço e tentar fazer algo por isso.

As mesmas ideias podem ser aplicadas a clientes em potencial. Os dados das redes sociais fornecem uma miríade de informações sobre quem é um indivíduo e o que ele preza. As empresas usam essas informações para segmentar seus anúncios, decidir a quem mostrar qual mensagem com base na probabilidade de conversão. A segmentação por semelhança, por exemplo, encontra pessoas que são o mais afins possível aos clientes existentes em atributos observáveis, e usa isso para determinar quais clientes em potencial podem estar mais interessados em um determinado produto ou serviço.

As empresas também podem usar a linguagem para aprender sobre produtos que serão lançados ou problemas que precisam de solução. Uma abordagem chamada *social listening* analisa dados das redes sociais para entender como as pessoas estão falando sobre um produto, um serviço ou uma ideia. Um hotel pode perceber que muitos hóspedes estão reclamando das camas e usar isso para fazer uma mudança. Uma empresa farmacêutica pode descobrir sobre efeitos colaterais imprevistos ou sobre as preocupações dos pacientes.

Em outra abordagem, os mesmos dados podem ser utilizados no desenvolvimento de novos produtos. Ao entender os motivos pelos quais os consumidores estão insatisfeitos com os já existentes, as organizações podem estabelecer a melhor forma de lançar novos. Da mesma forma, os dados de sites de pesquisas podem ser usados para entender onde estão as oportunidades em um mercado ou onde o grau de interesse é mais alto.

CASOS JURÍDICOS

A linguagem também pode ser usada de maneiras interessantes em casos jurídicos. Digamos que uma marca de detergente esteja sendo acusada de *greenwashing*: existem alegações de que ela está se promovendo como ecologicamente correta, quando, na verdade, não é. A abordagem padrão pode ser pedir a peritos para que opinem sobre o que eles acham que está acontecendo. Um perito do reclamante poderia apontar para um determinado anúncio, por exemplo, e argumentar que, por mostrar uma imagem de árvores, ou da terra, a marca está se promovendo como ecologicamente correta.

Mas, embora esta seja uma boa opinião e possa até estar correta, o problema é que é apenas isso. Uma opinião. É bastante subjetivo.

Um perito da defesa pode olhar para o mesmo anúncio e dar uma opinião completamente diferente, com base no lado que ele defende. A propaganda também fala sobre a eficácia da limpeza, por exemplo, de modo que ele pode usar isso como um indicativo de que a marca não está realmente dizendo propriamente que é ecologicamente correta.

Qual a verdade, então?

Em vez de um perito dar um palpite e o outro lado fazer algo semelhante, a análise de texto pode fornecer um panorama mais realista do que aconteceu. Ao reunir a linguagem de um grande número de anúncios (ou postagens feitas pela marca nas redes sociais), podemos ter uma noção mais precisa do que está acontecendo.

Um ponto de partida simples contaria apenas palavras, isoladamente. Faria uma lista de termos relacionados a questões ecológicas (por exemplo, terra, meio ambiente e ecologicamente correto) e contaria o número de vezes em que elas aparecem. Qual o percentual de anúncios ou postagens nas redes sociais que usa pelo menos um desses termos? Além disso, esse vocabulário é predominante ou aparece em apenas alguns anúncios exibidos em uma região específica?

Técnicas mais complexas podem trazer ainda mais clareza. Ao comparar a linguagem usada pela marca de detergente com a utilizada por outras marcas reconhecidamente ecológicas ou não, é possível obter uma resposta ainda mais objetiva.

Usando dados de milhares de anúncios ou postagens de dezenas de outras companhias reconhecidas por se apresentarem como ecologicamente corretas, podemos usar o aprendizado de máquina para classificar o grau em que determinado anúncio ou publicação apresenta uma marca como consciente. Então, analisando todos os anúncios e todas as postagens da marca em questão por meio da classificação, podemos ter uma noção, em média, de se ela está se promovendo como ecologicamente correta.

É possível empregar técnicas semelhantes para medir se a propaganda de uma marca de bebida é direcionada aos jovens ou se um político está falando mais como um democrata ou um republicano.

A análise automatizada de texto é particularmente útil nesses e em outros exemplos semelhantes, porque nos permite viajar no tempo.

Digamos que uma empresa de tecnologia esteja sendo acusada de propaganda enganosa. Ela disse que seu notebook era "leve como uma pluma" em alguns de seus anúncios, e um processo alega que os consumidores compraram o notebook com base nessa afirmação falsa.

Uma abordagem padrão seria usar pesquisas. Pegue um grupo de consumidores, mostre a eles o anúncio e veja se eles se sentem mais interessados em comprar o notebook do que os que não viram o anúncio.

Infelizmente, isso ainda não resolve o problema, porque, embora os resultados da pesquisa sugiram qual é a reação dos consumidores ao ver o anúncio hoje, dizem menos sobre qual foi, ou teria sido, a reação deles se tivessem visto o anúncio quando ele foi veiculado, alguns anos antes.

Contextos mudam; uma afirmação específica pode ter tido um efeito há dois anos, mas ter um completamente diferente hoje.

Consequentemente, a menos que possamos inventar uma máquina do tempo, é quase impossível saber como as pessoas se sentiam dois anos antes.

Mas a análise de texto pode fazer justamente isso.

Ao analisar publicações nas redes sociais ou avaliações de produtos, podemos perceber melhor como as pessoas entenderam essa afirmação, e se isso moldou a postura delas em relação ao notebook. Ao examinar as postagens que os consumidores escreveram sobre o produto antes e depois da exibição dos anúncios, por exemplo, temos uma ideia de se a sensação deles em relação ao produto mudou de maneira positiva. Da mesma forma, ao nos aprofundarmos no conteúdo dessas publicações, podemos ver não apenas se os consumidores disseram coisas mais positivas, como também se eles de fato mencionaram atributos, como o peso do notebook, ao fazê-lo.

A linguagem da comunicação de massa também é útil. Ao analisar as palavras usadas em matérias de jornal sobre o produto, podemos ver se a imprensa assimilou ou não as alegações feitas pela marca.

Viajar no tempo ainda é impossível, mas a análise de texto permite que seja feito um novo tipo de arqueologia. Como fósseis de uma civilização antiga ou um inseto preservado em âmbar, pensamentos, opiniões e posturas de décadas atrás estão escondidos na linguagem digitalizada. E a análise de texto automatizada proporciona as ferramentas para desvendar os insights ocultos por trás dela.

ALGUMAS FERRAMENTAS DE FÁCIL ACESSO

Este livro se concentrou nos insights obtidos a partir da linguagem, mas algumas pessoas podem estar interessadas em utilizar algumas das ferramentas mencionadas. Eis duas que são fáceis de manejar.

- https://liwc.app/: um ótimo recurso para atribuir pontos a textos em uma variedade de dimensões psicológicas.
- http://textanalyzer.org/: uma ferramenta útil para atribuir pontuações em outras dimensões e extrair os assuntos ou temas básicos.

Se você estiver interessado em ferramentas mais complexas, ou em como elas podem ser usadas em diferentes configurações, aqui estão dois artigos de revisão recentes que discutem várias metodologias:

- Jonah Berger e Grant Packard. "Using natural language processing to understand people and culture". *American Psychologist,* 77(4), 525-537.
- Jonah Berger, Ashlee Humphreys, Stephen Ludwig, Wendy Moe, Oded Netzer e David Schweidel. "Uniting the Tribes: Using Text for Marketing Insight". *Journal of Marketing* 84, n. 1 (2020): 1-25.

Agradecimentos

Este livro não teria sido possível sem a ajuda de Grant Packard, um colaborador, colega e amigo que me ensinou tudo o que sei sobre linguagem. Espero que ainda tenhamos muitos anos de colaborações de sucesso. Obrigado a Hollis Heimbouch e James Neidhardt pelo proveitoso feedback ao longo do caminho, a Jim Levine, pela orientação e pelo apoio sempre consistentes, e a Noah Katz, pela ajuda com números e referências. Agradeço a Maria e Jamie, por me apresentarem a um mundo inédito de problemas linguísticos, a Jamie Pennebaker, por todo o seu incrível trabalho neste espaço, e a Lilly e Caroline, por amarem os livros. Por fim, obrigado a Jordan, Jasper, Jesse e Zoe por tornarem todos os dias mágicos.

Notas

INTRODUÇÃO

1. Matthias R. Mehl et al., "Are Women Really More Talkative than Men?", *Science* 317, n. 5834 (2007): 82, doi.org/10.1126/science.1139940.
2. Ellen J. Langer, Arthur Blank e Benzion Chanowitz, "The Mindlessness of Ostensibly Thoughtful Action: The Role of 'Placebic' Information in Interpersonal Interaction", *Journal of Personality and Social Psychology* 36, n. 6 (1978): 635.

1. ATIVE A IDENTIDADE E A AUTONOMIA

1. Christopher J. Bryan, Allison Master e Gregory M. Walton, "'Helping' Versus 'Being a Helper': Invoking the Self to Increase Helping in Young Children", *Child Development* 85, n. 5 (2014): 1836-42, https://doi.org/10.1111/cdev.12244.
2. Susan A. Gelman e Gail D. Heyman, "Carrot-Eaters and Creature-Believers: The Effects of Lexicalization on Children's Inferences About Social Categories", *Psychological Science* 10, n. 6 (1999): 489-93, https://doi.org/10.1111/1467-9280.00194.
3. Gregory M. Walton e Mahzarin R. Banaji, "Being What You Say: The Effect of Essentialist Linguistic Labels on Preferences", *Social Cognition* 22, n. 2 (2004): 193-213, https://doi.org/10.1521/soco.22.2.193.35463.
4. Christopher J. Bryan et al., "Motivating Voter Turnout by Invoking the Self", *Proceedings of the National Academy of Sciences of the United States of America* 108, n. 31 (2011): 12653-56, https://doi.org/10.1073/pnas.1103343108.

5. Christopher J. Bryan, Gabrielle S. Adams e Benoit Monin, "When Cheating Would Make You a Cheater: Implicating the Self Prevents Unethical Behavior", *Journal of Experimental Psychology: General* 142, n. 4 (2013): 1001, https://doi.org/10.1037/a0030655.
6. Vanessa M. Patrick e Henrik Hagtvedt, "'I don't' Versus 'I can't': When Empowered Refusal Motivates Goal-Directed Behavior", *Journal of Consumer Research* 39, n. 2 (2012): 371-81, https://doi.org/10.1086/663212. Ver também o sensacional livro de Vanessa Patrick, *The Power of Saying No: The New Science of How to Say No that Puts You in Charge of Your Life*. Sourcebooks.
7. Ting Zhang, Francesca Gino e Joshua D. Margolis, "Does 'Could' Lead to Good? On the Road to Moral Insight", *Academy of Management Journal* 61, n. 3 (2018): 857-95, https://doi.org/10.5465/amj.2014.0839.
8. Ellen J. Langer e Alison I. Piper, "The Prevention of Mindlessness", *Journal of Personality and Social Psychology* 53, n. 2 (1857): 280, https://doi.org/10.1037/0022-3514.53.2.280.
9. Ethan Kross fez alguns trabalhos incríveis neste campo; ver seu livro *Chatter: The Voice in Our Head, Why it Matters, and How to Harness It* (Nova York: Crown, 2021).
10. Ethan Kross et al., "Third-Person Self-Talk Reduces Ebola Worry and Risk Perception by Enhancing Rational Thinking", *Applied Psychology: Health and Well-Being* 9, n. 3 (2017): 387-409, https://doi.org/10.1111/aphw.12103; Celina R. Furman, Ethan Kross e Ashley N. Gearhardt, "Distanced Self-Talk Enhances Goal Pursuit to Eat Healthier", *Clinical Psychological Science* 8, n. 2 (2020): 366-73, https://doi.org/10.1177/2167702619896366.
11. Antonis Hatzigeorgiadis et al., "Self-Talk and Sports Performance: A Meta-analysis", *Perspectives on Psychological Science* 6, n. 4 (2011): 348-56, https://doi.org/10.1177/1745691611413136.
12. Ryan E. Cruz, James M. Leonhardt e Todd Pezzuti, "Second Person Pronouns Enhance Consumer Involvement and Brand Attitude", *Journal of Interactive Marketing* 39 (2017): 104-16, https://10.1016/j.intmar.2017.05.001.
13. Grant Packard, Sarah G. Moore e Brent McFerran, "(I'm) Happy to Help (You): The Impact of Personal Pronoun Use in Customer-Firm Interactions", *Journal of Marketing Research* 55, n. 5 (2018): 541-55, https://doi.org/10.1509/jmr.16.0118.

2. TRANSMITA CONFIANÇA

1. William M. O'Barr, *Linguistic Evidence: Language, Power, and Strategy in the Courtroom* (Nova York: Academic Press, 2014).
2. Bonnie E. Erickson et al., "Speech Style and Impression Formation in a Court Setting: The Effects of "'Powerful' and 'Powerless' Speech", *Journal of Experimental Social Psychology* 14, n. 3 (1978): 266-79, https://doi.org/10.1016/0022-1031(78)90015-X.

3. Alguns exemplos deste trabalho incluem: Mark Adkins e Dale E. Brashers, "The Power of Language in Computer-Mediated Groups", *Management Communication Quarterly* 8, n. 3 (1995): 289-322, https://doi.org/10.1177/089331899500800300 2; Lawrence A. Hosman, "The Evaluative Consequences of Hedges, Hesitations, and Intensifies: Powerful and Powerless Speech Styles", *Human Communication Research* 15, n. 3 (1989): 383-406, https://doi.org/10.1111/j.1468-2958.1989. tb00190.x; Nancy A. Burell e Randal J. Koper, "The Efficacy of Powerful/Powerless Language on Attitudes and Source Credibility", in *Persuasion: Advances Through Meta-analysis*, organizado por Michael Allen e Raymond W. Preiss (Creskill, Nova Jersey: Hamapton Press, 1988): 203-15; Charles S. Areni e John R. Sparks, "Language Power and Persuasion", *Psychology & Marketing* 22, n. 6 (2005): 507-25, https://doi.org/10.1002/mar.20071; John R. Sparks, Charles S. Areni e K. Chris Cox, "An Investigation of the Effects of Language Style and Communication Modality on Persuasion", *Communications Monographs* 65, n. 2 (1998): 108-25, https://doi. org/10.1080/03637759809376440.
4. Paul C. Price e Eric R. Stone, "Intuitive Evaluation of Likelihood Judgment Producers: Evidence for a Confidence Heuristic", *Journal of Behavioral Decision Making* 17, n. 1 (2004): 39-57, https://doi.org/10.1002/bdm.460.
5. Pesquisadores cujos pedidos de bolsa incluem menos vocabulário hesitante e mais linguagem da certeza obtêm maior financiamento da National Science Foundation. Ver David M. Markowitz, "What Words Are Worth: National Science Foundation Grant Abstracts Indicate Award Funding", *Journal of Language and Social Psychology* 38, n. 3 (2019): 264-82, https://doi.org/10.1177/0261927X18824859.
6. Lawrence A. Hosman, "The Evaluative Consequences of Hedges, Hesitations, and Intensifiers: Powerful and Powerless Speech Styles", *Human Communication Research* 15, n. 3 (1989): 383-406; James J. Bradac e Anthony Mulac, "A Molecular View of Powerful and Powerless Speech Styles: Attributional Consequences of Specific Language Features and Communicator Intentions", *Communications Monographs* 51, n. 4 (1984): 307-19, https://doi.org/10.1080/03637758409390204.
7. Laurie L. Haleta, "Student Perceptions of Teachers' Use of Language: The Effects of Powerful and Powerless Language on Impression Formation and Uncertainty", *Communication Education* 45, n. 1 (1996): 16-28, https://doi. org/10.1080/0363452960937 9029.
8. David Hagmann e George Loewenstein, "Persuasion with Motivated Beliefs", in *Opinion Dynamics & Collective Decisions Workshop* (2017).
9. Mohamed A. Hussein e Zakary L. Tormala, "Undermining Your Case to Enhance Your Impact: A Framework for Understanding the Effects of Acts of Receptiveness in Persuasion", *Personality and Social Psychology Review* 25, n. 3 (2021): 229-50, https:// doi.org/10.1177/10888683211001269.
10. Jakob D. Jensen, "Scientific Uncertainty in News Coverage of Cancer Research: Effects of Hedging on Scientists' and Journalists' Credibility", *Human*

Communication Research 34, n. 3 (2008): 347-69, https://doi.org/10.1111/j.1468-2958.2008.00324.x.

3. FAÇA AS PERGUNTAS CERTAS

1. Alison Wood Brooks, Francesca Gino e Maurice E. Schweitzer, "Smart People Ask for (My) Advice: Seeking Advice Boosts Perceptions of Competence", *Management Science* 61, n. 6 (2015): 1421-35, https://doi.org/10.1287/mnsc.2014.2054.
2. Daniel A. McFarland, Dan Jurafsky e Craig Rawlings, "Making the Connection: Social Bonding in Courtship Situations", *American Journal of Sociology* 118, n. 6 (2013): 1596-1649.
3. Karen Huang et al., "It Doesn't Hurt to Ask: Question-Asking Increases Liking", *Journal of Personality and Social Psychology* 113, n. 3 (2017): 430, https://doi.org/10.1037/pspi0000097.
4. Klea D. Bertakis, Debra Roter e Samuel M. Putnam, "The Relationship of Physician Medical Interview Style to Patient Satisfaction", *Journal of Family Practice* 32, n. 2 (1991): 175-81.
5. Bradford T. Bitterly e Maurice E. Schweitzer, "The Economic and Interpersonal Consequences of Deflecting Direct Questions", *Journal of Personality and Social Psychology* 118, n. 5 (2020): 945, https://doi.org/10.1037/pspi0000200.
6. Julia A. Minson et al., "Eliciting the Truth, the Whole Truth, and Nothing but the Truth: The Effect of Question Phrasing on Deception", *Organizational Behavior and Human Decision Processes* 147 (2018): 76-93, https://doi.org/10.1016/j.obhdp.2018.05.006.
7. Arthur Aron et al., "The Experimental Generation of Interpersonal Closeness: A Procedure and Some Preliminary Findings", *Personality and Social Psychology Bulletin* 23, n. 4 (1997): 363-77.
8. Elizabeth Page-Gould, Rodolfo Mendoza-Denton e Linda R. Tropp, "With a Little Help from My Cross-Group Friend: Reducing Anxiety in Intergroup Contexts Through Cross-Group Friendship", *Journal of Personality and Social Psychology* 95, n. 5 (2008): 1080, https://doi.org/10.1037/0022-3514.95.5.1080.

4. TIRE PROVEITO DA CONCRETUDE

1. Grant Packard e Jonah Berger, "How Concrete Language Shapes Customer Satisfaction", *Journal of Consumer Research* 47, n. 5 (2021): 787-806, https://10.1093/jcr/ucaa038.
2. Nooshin L. Warren et al., "Marketing Ideas: How to Write Research Articles That Readers Understand and Cite", *Journal of Marketing* 85, n. 5 (2021): 42-57, https://doi.org/10.1177/00222429211003560.

3. Ian Begg, "Recall of Meaningful Phrases", *Journal of Verbal Learning and Verbal Behavior* 11, n. 4 (1972): 431-39, https://doi.org/10.1016/S0022-5371(72)80024-0.
4. Jonah Berger, Wendy Moe e David Schweidel, "Linguistic Drivers of Content Consumption", artigo acadêmico, 2022; Yoon Koh et al., "Successful Restaurant Crowdfunding: The Role of Linguistic Style", *International Journal of Contemporary Hospitality Management* 32, n. 10 (2020): 3051-66, https://doi.org/10.1108/IJCHM-02-2020-0159.
5. Colin Camerer, George Loewenstein e Martin Weber, "The Curse of Knowledge in Economic Settings: An Experimental Analysis", *Journal of Political Economy* 97, n. 5 (1989): 1232-54. Ver também Chip Heath e Dan Heath, *Made to Stick: Why Some Ideas Survive and Others Die* (Nova York: Random House, 2007).
6. Laura Huang et al., "Sizing Up Entrepreneurial Potential: Gender Differences in Communication and Investor Perceptions of Long-Term Growth and Scalability", *Academy of Management Journal* 64, n. 3 (2021): 716-40, https://doi.org/10.5465/amj.2018.1417.
7. Cheryl J. Wakslak, Pamela K. Smith e Albert Han, "Using Abstract Language Signals Power", *Journal of Personality and Social Psychology* 107, n. 1 (2014): 41, https://doi.org/10.1037/a0036626.

5. EXPRESSE EMOÇÃO

1. Elliot Aronson et al., "The Effect of a Pratfall on Increasing Interpersonal Attractiveness", *Psychonomic Science* 4, n. 6 (1966): 227-28, https://doi.org/10.3758/BF033 42263.
2. Ver também Andrew J. Reagan et al., "The Emotional Arcs of Stories Dominated by Six Basic Shapes", *EPJ Data Science* 5, n. 1 (2016): 1-12, https://doi.org/10.1140/epjds/s13688-016-0093-1.
3. Peter Sheridan Dodds et al., "Temporal Patterns of Happiness and Information in a Global Social Network: Hedonometrics and Twitter", *PLOS ONE*, 7 de dezembro de 2011, https://doi.org/10.1371/journal.pone.0026752.
4. Erik Lindqvist, Robert Ostling e David Cesarini, "Long-Run Effects of Lottery Wealth on Psychological Well-Being", *Review of Economic Studies* 87, n. 6 (2020): 2703-26, https://doi.org/10.1093/restud/rdaa006.
5. Shane Fredrick e George Loewenstein, in *Well-Being: The Foundations of Hedonic Psychology*, organizado por D. Kahneman, E. Diener e N. Schwarz (Nova York: Russell Sage, 1999), 302-29.
6. Leif D. Nelson, Tom Meyvis e Jeff Galak, "Enhancing the Television-Viewing Experience Through Commercial Interruption", *Journal of Consumer Research* 36, n. 2 (2009): 160-72, https://doi.org/10.1086/597030.
7. Bart De Langhe, Philip M. Fernbach e Donald R. Lichtenstein, "Navigating by the Stars: Investigating the Actual and Perceived Validity of Online User Ratings",

Journal of Consumer Research 42, n. 6 (2016): 817-33, https://doi.org/10.1093/jcr/ucv047.

8. Matthew D. Rocklage, Derek D. Rucker e Loran F. Nordgren, "Mass-Scale Emotionality Reveals Human Behaviour and Marketplace Success", *Nature Human Behavior* 5 (2021): 1323-29, https://doi.org/10.1038/s41562-021-01098-5.
9. Para mais exemplos de palavras que variam nessas diferentes dimensões, ver o site The Evaluative Lexicon (http://www.evaluativelexicon.com/) e Matthew D. Rocklage, Derek D. Rucker e Loren F. Nordgren, "The Evaluative Lexicon 2.0: The Measurement of Emotionality, Extremity, and Valence in Language", *Behavior Research Methods* 50, n. 4 (2018): 1327-44, https://doi.org/10.3758/s13428-017-0975-6.
10. Rocklage et al., "Mass-Scale Emotionality Reveals Human Behaviour and Marketplace Success".
11. Jonah Berger, Matthew D. Rocklage e Grant Packard, "Expression Modalities: How Speaking Versus Writing Shapes Word of Mouth", *Journal of Consumer Research*, 25 de dezembro de 2021, https://doi.org/10.1093/jcr/ucab076.
12. Matthew D. Rocklage e Russell H. Fazio, "The Enhancing Versus Backfiring Effects of Positive Emotion in Consumer Reviews", *Journal of Marketing Research* 57, n. 2 (2020): 332-52, https://doi.org/10.1177/0022243719892594.
13. Li, Yang, Grant Packard e Jonah Berger, "When Employee Language Matters?" Working Paper.

6. BENEFICIE-SE DAS SEMELHANÇAS (E DAS DIFERENÇAS)

1. Amir Goldberg et al., "Enculturation Trajectories and Individual Attainment: An Interactional Language Use Model of Cultural Dynamics in Organizations", in Wharton People Analytics Conference, Filadélfia, 2016.
2. James W. Pennebaker et al., "When Small Words Foretell Academic Success: The Case of College Admissions Essays", *PLOS ONE*, 31 de dezembro de 2014: e115844, https://doi.org/10.1371/journal.pone.0115844.
3. Ver, por exemplo, Molly E. Ireland et al., "Language Style Matching Predicts Relationship Initiation and Stability", *Psychological Science* 22, n. 1 (2011): 39-44, https://doi.org/10.1177/0956797610392928; Balazs Kovacs e Adam M. Kleinbaum, "Language-Style Similarity and Social Networks", *Psychological Science* 31, n. 2 (2020): 202-13, https://doi.org/10.1177/0956797619894557.
4. Jonah Berger e Grant Packard, "Are Atypical Things More Popular?", *Psychological Science* 29, n. 7 (2018): 1178-84, https://doi.org/10.1177/0956797618759465.
5. David M. Blei, Andrew Y. Ng e Michael I. Jordan, "Latent Dirichlet Allocation", *Journal of Machine Learning Research* 3 (2003): 993-1022, https://www.jmlr.org / papers/volume3/blei03a/blei03a.pdf.

6. Ireland et al., "Language Style Matching Predicts Relationship Initiation and Stability"; Paul J. Taylor e Sally Thomas, "Linguistic Style Matching and Negotiation Outcome", *Negotiation and Conflict Management Research* 1, n. 3 (2008): 263-81, https:// doi.org/10.1111/j.1750-4716.2008.00016.x.
7. Kurt Gray et al., "'Forward Flow': A New Measure to Quantify Free Thought and Predict Creativity", *American Psychologist* 74, n. 5 (2019): 539, https://doi.org/10.1037/amp0000391; Cristian Danescu-Niulescu-Mizil et al., "You Had Me at Hello: How Phrasing Affects Memorability", *Proceedings of the ACL*, 2012.
8. Olivier Toubia, Jonah Berger e Jehoshua Eliashberg, "How Quantifying the Shape of Stories Predicts Their Success", *Proceedings of the National Academy of Sciences of the United States of America* 118, n. 26 (2021): e2011695118, https://doi.org/10.1073/pnas.2011695118.
9. Henrique L. Dos Santos e Jonah Berger, "The Speed of Stories: Semantic Progression and Narrative Success", *Journal of Experimental Psychology: General.* (2022) 151(8):1833-1842 - https://pubmed.ncbi.nlm.nih.gov/35786955/.

7. O QUE A LINGUAGEM REVELA

1. Ryan L. Boyd e James W. Pennebaker, "Did Shakespeare Write *Double Falsehood*? Identifying Individuals by Creating Psychological Signatures with Text Analysis", *Psychological Science* 26, n. 5 (2015): 570-82, https://doi.org/10.1177/095679761456 6658.
2. A linguagem varia de acordo com gênero (Mehl & Pennebaker 2003; Welch, Perez-Rosas, Kummerfeld e Mihalcea 2019), por exemplo, faixa etária (Pennebaker e Stone 2002; Morgan- Lopez et al., 2017; Sap et al., 2014), raça (Preotiuc-Pietro e Ungar, 2018), e posições políticas (Preotiuc-Pietro et al., 2017; Sterling, Jost e Bonneau, 2020).
3. James W. Pennebaker et al., "When Small Words Foretell Academic Success: The Case of College Admissions Essays", *PLOS ONE*, 31 de dezembro de 2014, e115844, https://doi.org/10.1371/journal.pone.0115844; Matthew L. Newman et al., "Lying Words: Predicting Deception from Linguistic Styles", *Personality and Social Psychology Bulletin* 29, n. 5 (2003): 665-75, https://doi.org/10.1177/0146167203251529.
4. O uso da linguagem também está associado a uma série de questões de saúde (ver Sinnenberg et al., 2017 em revisão), incluindo psicológicas (de Choudhury, Gamin, Counts e Horvitz, 2013; Eichstaedt et al., 2018; Guntuku et al., 2017; Chancellor e De Choudhury 2020 em revisão), TDAH (Guntuku et al., 2019) e doenças cardíacas (Eichstaedt et al., 2015), muitas vezes prevendo esses resultados com mais precisão do que relatos individuais ou condições socioeconômicas.
5. Sarah Seraj, Kate G. Blackburn e James W. Pennebaker, "Language Left Behind on Social Media Exposes the Emotional and Cognitive Costs of a Romantic Breakup", *Proceedings of the National Academy of Sciences of the United States of America* 118, n. 7 (2021): e2017154118, https://doi.org/10.1073/pnas.2017154118.

6. Oded Netzer, Alain Lemaire e Michal Herzenstein, "When Words Sweat: Identifying Signals for Loan Default in the Text of Loan Applications", *Journal of Marketing Research* 56, n. 6 (2019): 960-80, https://doi.org/10.1177/0022243719852959.
7. Reihane Boghrati, "Quantifying 50 Years of Misogyny in Music", Risk Management and Decision Processes Center, 27 de abril de 2021, https://riskcenter.wharton.upenn.edu/lab-notes/quantifying-50-years-of-misogyny-in-music/#:~:text=To%20percent20look%20per%20cent20at%20percent20misogyny%20percent20in,is%20percent20portrayed%20percent20implicitly%20percent20in%20percent20lyrics.
8. Jahna Otterbacher, Jo Bates e Paul Clough, "Competent Men and Warm Women: Gender Stereotypes and Backlash in Image Search Results", *CHI 17: Proceedings of the 2017 CHI Conference on Human Factors in Computing Systems*, maio de 2017, 6620-31, https://doi.org/10.1145/3025453.3025727.
9. Janice McCabe et al., "Gender in Twentieth-Century Children's Books: Patterns of Disparity in Titles and Central Characters", *Gender & Society* 25, n. 2 (2011): 197-226, https://doi.org/10.1177/0891243211398358; Mykol C. Hamilton et al., "Gender Stereotyping and Under-representation of Female Characters in 200 Popular Children's Picture Books: A Twenty-First Century Update", *Sex Roles* 55, n. 11 (2006): 757-65, https://doi.org/10.1007/s11199-006-9128-6.
10. Rae Lesser Blumberg, "The Invisible Obstacle to Educational Equality: Gender Bias in Textbooks", *Prospects* 38, n. 3 (2008): 345-61, https://doi.org/10.1007/s11125-009-9086-1; Betsey Stevenson e Hanna Zlotnik, "Representations of Men and Women in Introductory Economics Textbooks", *AEA Papers and Proceedings* 108 (maio de 2018): 180-85, https://doi.org/10.1257/pandp.20181102; Lesley Symons, "Only 11 Percent of Top Business School Case Studies Have a Female Protagonist", *Harvard Business Review*, 9 de março de 2016, https://hbr.org/2016/03/only-11--of-top-business-school-case-studies-have-a-female-protagonist.
11. Nikhil Garg et al., "Word Embeddings Quantify 100 Years of Gender and Ethnic Stereotypes", *Proceedings of the National Academy of Sciences of the United States of America* 115, n. 16 (2018): E3635-44, https://doi.org/10.1073/pnas.1720347115; Anil Ramakrishna et al., "Linguistic analysis of differences in portrayal of movie characters", *Proceedings of the 55th Annual Meeting of the Association for Computational Linguistics* 1 (2017): 1669-78, https://doi.org/10.18653/v1/P17-1153; Liye Fu, Cristian Danescu-Niculescu-Mizil e Lillian Lee, "Tie-Breaker: Using Language Models to Quantify Gender Bias in Sports Journalism", 13 de julho de 2016, arXiv, https:// doi.org/10.48550/arXiv.1607.03895.
12. "Racial Divide in Attitudes Towards the Police", The Opportunity Agenda, https://www.opportunityagenda.org/explore/resources-publications/new-sensibility/part-iv.
13. Perry Bacon, Jr. "How the Police See Issues of Race and Policing", FiveThirtyEight, https://fivethirtyeight.com/features/how-the-police-see-issues-of-race-and--policing/.

14. Rob Voigt et al., "Language from Police Body Camera Footage Shows Racial Disparities in Officer Respect", *Proceedings of the National Academy of Sciences of the United States of America* 114, n. 25 (2017): 6521-26, https://doi.org/10.1073/pnas.1702413114.

EPÍLOGO

1. Claudia M. Mueller e Carol S. Dweck, "Praise for Intelligence Can Undermine Children's Motivation and Performance", *Journal of Personality and Social Psychology* 75, n. 1 (1998): 33, https://doi.org/10.1037/0022-3514.75.1.33.

Este livro foi impresso pela Vozes, em 2024, para
a HarperCollins Brasil. O papel do miolo é
avena $70g/m^2$, e o da capa é cartão $250g/m^2$.